KB076968

이스라엘 국방군

제7
기갑
여단사

7TH ARMORED
BRIGADE

한종수 지음

길찾기

제7기갑여단사

2023년 5월 31일 초판 1쇄 발행
저 자 한종수

편 집 김보람
디 자 인 김예은
마 케 팅 이수빈

발 행 인 원종우
발   행 ㈜블루픽
주   소 (13814)경기도 과천시 뒷골로 26, 그레이스 26, 2층
전   화 02-6447-9000
팩   스 02-6447-9009
이 메 일 edit@bluepic.kr

가   격 20,000원
I S B N 979-11-6769-234-4 03390

목차

서문

2차 대전의 그 엄청난 유혈에도 불구하고 인간들은 그것도 부족하다는 듯이 바로 전쟁을 시작했다. 다만 2차 대전의 전화가 미치지 못한 중동, 인도차이나, 한반도 등으로 무대가 바뀌었을 뿐이었다. 그중에서 중동과 인도차이나는 거의 반세기 동안 전쟁터가 되었고, 중동은 여전히 전면전의 불씨를 안고 있다. 어쨌든 이 과정에서 맨손으로 시작해서 반세기 동안의 전쟁에서 불패의 신화를 쌓아올린 두 군대인 이스라엘 국방군과 베트남 인민군이 탄생했다. 공간적으로는 아시아 대륙의 동쪽과 서쪽으로 달랐고 자연환경도 큰 차이가 났지만 거의 같은 시기에 두 군대가 태어났다.

창설 때에는 군대라기보다 총을 든 민간인에게 가까웠으며 조직도 겨우 소대나 중대 수준에 불과했지만, 단기간 내에 여단과 사단으로 성장했고 고도의 전술 수행능력이 필요한 대규모 작전도 훌륭하게 치러 명실상부한 조국의 간성이 되었다. 이스라엘 국방군에는 빛나는 전공을 자랑하는 많은 정예부대가 있지만, 이스라엘 국방군 제7기갑여단과 이 부대를 거쳐 간 인물, 그리고 기갑장비를 중심으로 이스라엘 육군의 이야기를 쓰고자 한다. 이스라엘 기갑부대는 특유의 개조능력과 현지화, 창의적인 전술로 유명한데 그것들도 최대한 소개하고자 한다. 물론 그들에게는 빛에 따르는 그림자처럼 인종청소와 민간인 학살이라는 흑역사도 함께 존재하는데, 이것도 다룰 것이다.

제7기갑여단은 이스라엘 국방군 극 초기에 창설된 부대라는 것도 의미가 크지만, 다섯 차례의 중동전쟁에서 모두 참전하여 엄청난 전공을 세운 최정예부대이다. 조금 과장하면 이 부대의 역사가 이스라엘 육군의 역사나 마찬가지라고 할 수 있을 정도며 이 부대에 몸담았던 인물들의 '출세'도 그야말로 화려했다.

　하지만 이 여단도 누구나 그렇듯이 처음부터 막강한 병력과 장비를 갖춘 정예부대는 아니었다. 그들의 역사를 알기 위해서는 19세기 말부터 시작되는 시오니즘과 이스라엘 국방군의 전신이었던 팔레스티나 유대인들의 무장조직 하가나Haganah의 이야기부터 시작해야 할 것이다.

중동전쟁 이전의 팔레스타나

시오니즘의 태동과 팔레스티나 유대인 이민 그리고 키부츠

19세기 중반, 서유럽 각국에서는 유대인 출신 대학교수, 의사, 예술가, 변호사, 과학자들이 대거 배출되면서 유대인들의 사회적 지위가 두드러지게 높아졌다. 하지만 러시아 제국을 비롯한 동유럽에서는 사정이 아주 달랐다. 러시아 황제를 비롯한 지배층들은 국민들의 경제적 정치적 불만을 이교도인 유태인에게 돌리는 반유대주의 선동을 조장하였다. 이로 인해 유태인들의 상점이 공격당하고 폭행을 당하는 일도 잦아졌다. 이렇게 되자 동유럽 유대인 사이에서는 안심하고 유대교를 믿고 생활할 수 있는 조국이 필요하다는 생각이 싹트게 되었다. 이로서 시오니즘_{Zionism} 이 시작되었지만 동유럽을 떠난 유대인

테오도르 헤르츨

들은 대부분 팔레스타나가 아닌 미국이나 캐나다, 호주로 향했다. 이런 유대인들의 이동을 팔레스타나로 돌린 계기는 엉뚱하게도 프랑스에서 일어난 드레퓌스Dreyfus 사건이었다. 이 사건은 인간의 양심이 시험대에 오른 대표적인 예로서 널리 알려졌기에 이 글에서 자세히 소개할 필요는 없을 것이다.

그런데 이 사건을 취재하던 유대계 오스트리아 저널리스트인 테오도르 헤르츨Theodor Herzl은 큰 충격을 받았다. 동유럽도 아닌 서유럽의 한복판 더구나 유대인에 대해 관용적이라고 생각한 프랑스에서 이런 야만적인 사건이 일어나다니! 그는 바로 유대인들의 조국이 필요하다고 생각했고 바로 조국 건설의 가이드라인을 제시하는 글을 쓰기 시작했다. 그의 주장을 요약하면 다음과 같다.

> "유대인들의 조국을 건설할 곳은 남미나 아프리카의 신
> 천지가 아니라 바로 약속의 땅 팔레스타나이다. 유럽에
> 서 박해받는 유대인들을 수십 년에 걸쳐 그 땅으로 이주
> 시켜야 한다. 다만 이주는 완전한 자유의지에 의해야 하
> 고 유럽에 남고자 하는 이들은 남아도 좋다."

다만 강대국들의 관여가 불가피하며 그들이 참가하는 국제회의에서 유대인 국가 건설 문제를 상정해 해결해야 한다고 덧붙였다. 유대인 사회에서 찬성과 반대가 엇갈렸지만[01], 찬성파들은 1897년 8월 29일, 스위스의 바젤Basel에서 '제1차 시오니스트 회의'를 개최하기에 이르렀다. 물론 처음부터 국가건설을 내세울 수는 없었기

---

01   반대파는 주로 초정통파 유대교도였다. 그들은 신이 메시아를 내려줄 때까지 유대인은 방
      랑해야 한다고, 주장하며 세속국가건설을 반대했다.

에 당시의 현실을 감안하여 '팔레스티나 땅 위에 유대민족을 위하고 법적으로 지위를 보장받는 향토를 건설한다'는 '모호한' 내용의 〈바젤 강령〉을 채택했다.

이 조직은 동포들의 이민을 지원했고, 유대인 부호들은 '시온 정착 협회Zion Settlement Society'라는 법인명으로 동포들이 살 땅을 매입하여 이 사업을 뒷받침해주었다. 프랑스 로스차일드 가문의 에드몬 드 로쉴드Edmond de Rothschild가 물심양면으로 지원했다.

1903년 러시아 제국 치하에 있던 몰도바Moldova의 수도 키시네프Kishinev에서 벌어진 유대인 학살[02]은 이 운동에 더 없는 자극제가 되었다. 여기서 많은 이민자들이 생겨났는데. 이들이 건설한 도시가 바로 텔 아비브Tel aviv였다. 텔 아비브는 히브리어로 봄의 언덕을 뜻하며 현재 광역권의 인구는 400만 명에 가까운 이스라엘 최대의 대도시권을 형성하고 있다. 이 도시에는 에드몬 드 로쉴드의 공적을 기린 로스차일드 대로가 있다. 그런데 이들이 매입한 토지는 대부분 부재지주의 소유였다. 이로인해 팔레스티나 현지 소작인들은 비록 자신의 소유는 아니었지만 대대로 가지고 있던 경작권을 잃어버리고 만 것이다. 그리하여 두 민족의 감정 대립은 더욱 심해졌다.

어쨌든 이런저런 이유로 조상들의 땅에 도착한 유대인들을 1909년, 그 유명한 집단 농장 키부츠Kibbutz를 조직하여 황무지를 개척하였다. 첫 키부츠의 이름은 데가니아Degania였는데 갈릴리 호수 남쪽에 자리 잡았다. 사회주의와 시오니즘을 결합한 집단농장인 키부츠는 구성원들은 사유재산을 가지지 않고 토지와 생산 및 생활용

---

02   현재는 키시너우Chijinău라고 부른다. 당시 유대인 희생자는 50명, 부상자는 수백 명에 달했다.

품은 공동소유로 하며, 구성원의 전체수입은 키부츠에 귀속된다. 주택은 부부단위로 할당되어 사생활은 보장되었으나 식사는 공동식당에서 하며, 의류는 계획적인 공동구입과 공평한 배포로 제공한다. 아이들은 18세까지 부모와 별개로 집단생활을 하며, 자치적으로 결정된 방침에 따라서 역시 집단적으로 교육된다. 키부츠는 경제적 사회적 공동체일 뿐 아니라 정치

검은 안대가 인상적인 모셰 다얀 장군. 모셰라는 이름과 달리 무신론자이자 천하의 난봉꾼이었다. 이는 시오니즘이 반드시 유대교와 일치하는 것은 아니라는 증거이기도 하다.

적 역할도 하게 되는데 이스라엘 노동당의 전신인 마파이Mapai 당도 키부츠가 그 뿌리라고 할 수 있다. 이에 그치지 않고 키부츠는 일종의 둔전병 마을 역할을 하며 자급자족적 방어 전투를 수행하기도 했다. 일하면서 싸우는 이 조직이 바로 이스라엘 국방군의 맹아인 하가나Haganah로 발전하게 되는 것이다. 데가니아가 생겨난 지 6년 후 아주 유명한 인물이 이곳에서 태어난다. 바로 모셰 다얀Moshe Dayan 이다. 그의 아버지는 러시아, 어머니는 우크라이나 태생이었다. 이런 환경 탓인지 이스라엘 국방군 장성들 특히 초기의 인물들은 키부츠 출신이 많다. 키부츠와 비슷하지만 사유재산이 인정되는 모샤브Moshav도 1921년에 탄생한다.

1차 대전이 일어나기 전까지만 해도 팔레스티나의 유대인들은 5, 6만 명 정도에 불과했고, 열 배에 달하는 아랍인들과의 대립은 거의 찾아볼 수 없었다. 물론 경계하는 아랍인들도 있었지만, 의료설비와 최신 농법 등 그들이 가져온 선진문물에 대해 긍정적으로 보는 아랍인들도 적지 않았기 때문이다. 1930년대에 이르면 전체 인

구의 1할도 안 되는 유대인이 세금의 85%를 낼 정도로 압도적인 경제력을 지니기에 이른다. 유대인들은 자체적인 선거를 실시하여 팔레스티나 유대인 민족평의회Jewish National Council of Palastine Jews 라는 자치행정기구를 만들었는데, 사실상 임시정부나 준국가 같은 역할을 수행했다. 참고로 유대인 민족평의회는 당시 중동에서 유일하게 선거를 통해 만들어진 조직인데, 지금도 이스라엘은 미국과 서구 국가들에게 유일한 민주주의 국가라는 사실을 틈만 나면 '강조'하고 있다.

또한 유대인들은 1940년부터 작지만 적어도 중동 수준에서는 근대적인 공장들을 세우기 시작했다. 금속가공, 섬유, 화학 등 약 200개에 가까운 이 공장들은 탄약과 군화, 군복 등을 생산했고, 현재 최첨단을 자랑하는 이스라엘 군사산업의 기초를 쌓는다.

이스라엘 국방군의 전신 하가나

1차 세계대전이 일어나면서 백 년이 지난 지금까지 계속될 비극이 시작된다. 오스만 투르크제국이 독일 편에 서서 참전하자 영국은 오스만 제국에 맞서 아랍인 국가의 독립을 약속하겠다는 맥마흔 - 후세인 선언McMahon-Hussein Correspondence 을 1915년에 발표했다. 그리고 다음 해에는 프랑스와 오스만 제국 지배 하의 중동을 나눠 먹는다는 사이크스-피코 협정Sykes-Picot Agreement [03]을 체결하는 것도 모자라 또 그 다음해인 1917년에 영국을 도운 유대인을 대상으로 유대 국가

---

03   사이크스-피코 협정은 러시아 제국 붕괴 후 권력을 잡은 볼셰비키들에 의해 폭로되었다.

건설을 돕겠다는 벨푸어 선언Balfour Declaration까지 '감행'하는 '패기'까지 부렸다.

이런 일구삼언의 '외교'가 저지른 결과에 대해 지금은 전 세계가 책임을 지고 있는 현실은 웬만한 사람들은 다 알고 있을 것이다. 어쨌든 1차 세계대전 후 영국의 위임통치령이 된 팔레스티나에는 벨푸어 선언의 실현을 믿고 이주하는 유대인들이 더욱 늘어났다. 반대로 벨푸어 선언에 반발한 아랍인들은 1919년 3월, 예루살렘Jerusalem에서 대규모 반유대인 폭동을 일으켰다. 4월에는 갈릴리에 건설된 키부츠가 파괴되고 주민 모두가 학살되는 참사까지 벌어졌다. 이렇게 지금까지 끝나지 않은 백년전쟁이 시작된 것이다. 영국의 노력에도 양쪽의 충돌이 격화되자, 키부츠의 기존 민병조직들은 1920년 6월 12일, 히브리어로 '방어자'란 의미의 하가나로 통합되었다. 하가나는 아랍인들의 공격을 저지하는 데 성공했다. 아랍인들의 독립을 견제하려는 영국의 의도와 맞물려 유대인들의 이민은 점점 늘어났고 1919년에서 1929년까지 주로 소련과 폴란드Poland에서 16만 명이 도착했다. 다시 1929년에 아랍인들이 유대인을 공격하여 200명 이상이 죽었고, 영국이 그들을 보호하는 과정에서 1,000명 이상이 아랍인이 죽는 큰 유혈사태가 벌어졌다. 전반적으로 1930년대 초반까지는 영국 '식민지 경영의 노하우' 정확히 말하면 능숙한 이간질 덕분에 그런대로 넘어갈 수 있었지만 거대한 시대의 흐름은 막을 수 없었다.

히틀러가 집권한 1933년 이후에는 너무나 당연한 결과지만 독일, 오스트리아에서의 이민도 증가했다. 거의 비슷한 시기에 아랍 민족주의도 급격히 세를 더해 가기 시작했으며 빠른 속도로 유대인의 이민증가를 불러오게 한 영국 제국주의에 대한 반발도 커져만 갔다. 또한 영국이 요르단과 팔레스티나를 분리하여 나라를 만들 것이라는 확신이 들면서, 본격적인 봉기가 시작되었다. 1936년부터 아랍인들의 봉기가 시작되었고, 영국은 무자비한 진압으로 맞섰다. 이때 그렇게 많지 않았던 팔레스티나 지식인들이 상당수 희생되었다. 그들은 이 손실을 메우지 못했다. 이렇게까지 사태가 악화되자 영국인들도 자기들의 일구삼언이 얼마나 큰 악영향을 미쳤는지 인식하기 시작했고 나름대로 해결책을 모색하기 시작했다. 그래서 나온 작품이 1937년 7월, 나온 작품이 유대국가와 아랍국가의 분리 안이었다. 다비드 벤 구리온_{David Ben-Gurion}이 지도하는 유대인들은 일단 공식적인 기반 마련이 최우선이었기에 찬성했지만, 아랍인들은 경악했고 자연발생적으로 대대적인 봉기와 테러로 번져나갔다.

어찌 보면 영국인들이 저지른 짓은 나치보다 더 인류사회에 악영향을 미쳤는지도 모른다. 중동뿐 아니라 인도와 파키스탄, 스리랑카, 아프리카, 피지, 미얀마 등에 남긴 후유증은 엄청나다. 나치가 한 짓은 그야말로 극악이었지만 당대로 끝났고 어쨌든 처벌을 받았지만 영국이 한 짓은 지금까지 진행 중이고 아무도 처벌을 받지 않았으니 말이다.

1938년 7월, 유대인들을 도운 인물이 바로 2차 대전 시 에티오피아_{Ethiopia}와 미얀마에서 맹활약한 영국군의 천재이자 괴짜였던 오드 윈게이트_{Orde Charles Wingate}였다. 당시 정보과 대위였던 그의 도움을 받아 편성된 '특수자경단_{Secial Nightuards}'은 큰 활약을 했다. 특수자경단은 적의 습격을 방어하는 역할 뿐 아니라 적의 본거지를 타격하는 능동적인 작전까지 해냈고 이 경험은 이스라엘군의 군사교리 즉 공격 위주의 사상에 큰 영향을 미쳤다. 하지만 유대인과 영국의 '밀월'

도 오래 가지 못했다. 1939년부터 독일과 싸우기 위해 아랍인의 협력과 석유가 필요하게 된 영국이 유대인들의 팔레스티나 이민을 제한하기 시작했는데, 이렇게 20년 전의 일구삼언이 일구이언으로 다시 시작된 셈이었다. 이렇게 해서 아랍인들의 봉기가 잦아들었지만, 이미 수천 명이 희생된 후였다. 물론 그렇다고 모든 아랍인들이 영국에 협조한 것은 아니었고, 추축국에 가담하고자 한 후세이니Fuseini 같은 인물도 있었다.

이렇게 되자 하가나 외에도 이르군Irgun, 레히Lehi 등의 군사 조직이 하가나에서 갈라져 나왔는데 사실을 따지면 테러조직에 가까웠다. 이르군은 히브리어로 '국가군사조직'이란 의미로 1931년부터 1948년까지 아랍인을 상대로 군사작전을 펼쳤다. 레히는 '이스라엘의 자유를 위해 싸우는 전사들'을 뜻하는 'Lohamei Herut Iisrael'을 줄인 말로 유대인 시온주의 무장저항단체로 주적은 영국이었다. 레히는 창설자 아브라함 스테른Avraham Stern 때문에 'Stern Gang'이란 별칭으로 불리웠다. 당시 영국은 레히를 테러집단으로 규정했는데, 사실 레히보다는 영어인 스턴(Stern, 가혹한, 가차 없는)이라는 이름으로 더 유명할 정도로 폭력적이고 과격했다. 그들의 '투쟁방법'은 폭탄테러, 요인 납치와 암살, 소규모 전투 등이었다.[04]

물론 하가나가 훨씬 큰 조직이었다. 이스라엘의 역대 총리 중 2대 모셰 샤레트Moshe Sharett, 3대 레비 에슈콜Levi Eshkol, 5대 이츠하크 라빈Yitzhak Rabin, 8대 시몬 페레스Simon Peres, 11대 아리엘 샤론Ariel Sharon 이 하가나 출신일 정도로 이 조직이 이스라엘 국방군 뿐 아니라 이스라엘 현대사에 미친 영향은 지대하다. 좀 더 자세히 이야기하면 모셰 샤레

---

04   놀랍게도 아브라함 스턴의 이름을 단 거리가 예루살렘에 있고, 텔아비브에는 레히의 기념
　　관도 있다.

트는 조직 결성 초기부터 왕성하게 활동하였으며 에슈콜은 사령부 간부로서 재정 업무를 맡았다. 시몬 페레스는 무기구입 책임자였으며, 특이하게도 오스만 제국군 출신인 다비드 하코헨David Hacohen 도 지도적인 역할을 맡았다. 아리엘 샤론은 위관급으로 활동했으며, 이 책에서 중요한 역할을 하는 슈무엘 고넨Shmuel Gonen 은 10대 중반의 소년병이었다. 인테리이 업자이자 초정통파 유대교인을 아버지로 둔 이 소년은 신학교를 그만두고 군문에 뛰어든 것이다. 하가나는 농약 살포를 이유로 경비행기를 구입하여 비행사를 양성하기 시작했는데 이것이 현재 세계 최강 중 하나인 이스라엘 공군의 시작이었다.

폴란드 망명군 출신인 메나헴 베긴Menachem Begin 은 1943년부터 1948년까지 이르군 지도자로서 1946년 7월 22일에 터진 악명 높은 킹 데이비드 호텔 폭탄 테러를 지휘했는데, 6대 총리에 오른다. 7대 총리 이츠하크 샤미르Yitzhak Shamir 는 레히의 지도자였다. 상당수의 유대인을 포함한 91명의 희생자를 낸 킹 데이비드 호텔 폭탄 테러는 다음 해에 벌어질 분할에 큰 영향을 미친다. 또한 이르군은 강력한 우파 성격을 지녀 좌파인 노동당과 쌍벽을 이룰 리쿠드Likud 당의 근원이기도 하고, 물론 베긴은 그 지도자가 되었다. 세 조직에 대한 이야기는 더 쓸 내용이 많지만 이 글의 본류와 너무 벗어나게 되므로 이 정도로 정리하고자 한다.

영국에 대한 적개심에도 불구하고 1939년 9월, 2차 대전이 터지자 팔레스티나의 유대인들은 현실적으로 영국 편을 들지 않을 수 없었다. 같은 달에 하가나에 참모제도를 도입하고 장교양성도 시작하면서 조직력이 크게 강화하였다. 또한 몇 분 만에 천 단위의 대원들에게 전달하는 암호화된 정보전달 시스템을 개발하여 실용화시켰다. 1941년, 하가나는 특수자경단 출신자를 중심으로 팔마흐(Palmah, 히브리어로 돌격대의 약자)라는 6개 중대 규모의 전투부대를 편성했다. 기본적으로 하가나는 키부츠를 비롯한 지역을 방위하는 성격을 가졌기에 기동력 있는 부대가 필요했기 때문이었다.

사령관은 러시아 제국군 출신의 이츠하크 사데Yitzhak Sadeh가 맡았다.[05] 훗날 중동전 최고의 명장으로 유명해진 모셰 다얀과 이츠하크 라빈, 훗날의 이스라엘군 참모총장 하임 바 레브Haim Bar Lev와 다비드 엘라자르David Elazar가 이 부대의 핵심장교였고, 아브라함 아단Avraham Adan도 이 부대의 사병 출신이었다. 엘라자르와 바 레브는 한 살 터울로 사라예보Sarajevo에서 같이 자란 친구 사이였다. 1941년 여름, 영국이 비시 프랑스Vichy France가 통제하던 시리아Syria를 제압하기 위해 팔레스티나의 영국군을 출동시키자 팔마흐는 보조적 임무를 수행했다. 이때 모셰 다얀이 비시 프랑스Vichy France군 저격수의 총탄을 맞고 한쪽 눈을 잃고 말았다. 이렇게 다얀은 한니발과 넬슨 다음으로 유명한 애꾸눈 장군이 되었다. 라빈도 이 작전에 참가했다.

또한 유대인들은 공병대대를 구성하여 영국군 소속으로 북아프리카 전선에 참전했는데, 이 대대는 비르 하케임Bir Hakeim 전투에서 피에르 쾨니그Pierre Kœnig가 지휘하는 프랑스 외인부대와 함께 롬멜 아프리카 군단의 공격을 저지하는데 지뢰지대에서 영웅적인 활약을 했다. 이 부대는 3,650명 규모의 여단으로 확대되어 이탈리아로 옮겨 싸웠는데, 이 여단은 대부분의 장교가 유대인이어서 훗날 팔마흐와 함께 이스라엘군의 양대 지주가 되었다. 이 부대 출신 중 가장 유명한 인물은 기갑부대 지휘관으로서 용명을 떨치고 이스라엘 국

---

05   예루살렘에는 그의 이름을 딴 거리가 있다.

하임 라즈코프. 그는 유대인 여단에서 소령 계급까지 달았다.

산 전차 메르카바Merkaba의 개발 책임자가 되는 이스라엘 탈Israel Tal이었다. 그는 중기관총 소대의 부사관으로 싸웠다. 1924년, 팔레스티나 정착촌에서 태어난 탈은 어릴 때부터 두더지를 잡기 위해 총을 만들고 동네 연못을 답사하기 위해 잠수정을 만들 정도로 공학적 마인드를 타고난 인물이었다고 한다. 그를 이스라엘의 하인츠 구데리안이나 퍼쉬 호바트Percy Cleghorn Stanley Hobart라고 부르는 이들도 있다.[06]

이 글의 주인공 제7기갑여단의 초대 여단장 솔로몬 샤미르Shlomon Shamir와 훗날 이스라엘 국방군 5대 참모총장에 오르는 하임 라즈코프Haim Lazcov도 이 부대의 중대장 출신이었다.

이 여단은 750명이 넘는 전사자를 낼 정도로 용감하게 싸워 많은 전투경험을 쌓았고, 일부는 특수작전에도 참가했지만, 기갑전투 경험은 전무라고 해도 좋을 정도로 없었다. 여담이지만 이 여단이 사용했던 군기가 지금의 이스라엘 국기가 되었다. 이 부대에 참가하지는 않았지만, 기갑부대 지휘관으로 노르망디Normandy 상륙작전에 참가하고 이스라엘의 6대 대통령이 되는 하임 헤르조그Chaim Herzog도 영국군 출신의 대표적인 인물이었다.

영국과 유럽의 유대인들도 무려 13만 명이나 입대하였는데, 거

---

06   하인츠 구데리안은 현대 기갑부대의 창시자인데, 1930년대 중반 전차 개발 과정에서 차후 확장성에 대한 고려, 무선 통신장비, 전차장 전용 큐폴라, 전차포탑 내부에 바스켓을 달아 조종수와 문전수를 제외한 전차병들이 포탑의 회전과 함께 움직이게 하는 등 많은 공학적 고려를 하여 이후의 전차 개발에 지대한 영향을 미쳤다. 퍼쉬 호바트는 영국의 공병 장군으로 퍼니 전차라는 특수목적전차들의 설계자로 유명하다. 퍼니 전차는 노르망디 상륙 및 그 이후의 연합군 작전에 큰 기여를 했다.

의 영국군이었다. 하지만 영국은 유대인 병사들이 실전경험을 쌓게 되면 나중에 팔레스티나 통치가 어렵게 될 것 같기에, 그들의 대부분을 처음에는 후방지원 인력으로 돌렸다. 그러자 유대인들은 강력히 반발했고, 유대인 중앙회를 통해 압력을 넣었다. 결국 상당수가 전투 병력으로 돌려졌고, 공군 조종사로 참전한 이들도 있었으나 기갑병과에 배속된 이들은 거의 없었다. 당연히 희생자도 적지 않았는데, 대표적인 인물로는 아세톤Acetone을 발명한 저명한 화학자이자 훗날 이스라엘 초대 대통령에 오르는 하임 바이츠만Chaim Weizmann의 아들 미카엘인데, 그는 조종사로 참전했다가 전사했다. 유대인 대원들 중에는 동유럽 언어를 구사하는 이들이 많아 나치 점령 하의 동유럽에 침투하여 특수임무를 수행하다가 많이 희생되었다. 그럼에도 영국은 아랍의 눈치를 보면서 영국군에 입대한 유대인들의 활약상을 알리지 않는 졸렬함까지 보였다. 물론 전부가 전투요원으로 돌려진 것은 아니었다. 대표적인 인물이 영국군과의 연락장교를 맡은 아바 에반Abba Eban과 하코헨이었다. 에반은 8년 동안 외무장관을 역임하며 외교무대에서 맹활약한다.

하지만 이런 협력은 어디까지나 팔레스티나 밖으로 한정된 것이었다. 팔레스티나 내부에서는 유대인들은 계속 영국과 충돌했고, 1945년 텔 아비브에서 일어난 시위에서 영국군은 시위대에 발포하여, 6명의 사망자와 수십명의 부상자가 나오는 참사가 벌어졌다. 그 가운데는 어린이도 있었는데, 영국 언론은 유대인 부모들이 이를 유도했다고 보도했다.

소련에 살던 유대인들은 무려 50만 명이 참전해 20만이 전사했는데, 그중에는 전선군 사령관 자리까지 올라간 이반 체르냐홉스키Ivan Chernyakhovsky도 있었다. 그는 불운하게도 최종 승리 직전인 1945년

1월, 동부 프로이센 전투에서 전사하고 만다. 전쟁은 연합군의 승리로 끝났고, 유대인 대학살이 널리 알려지면서 유대인 국가 수립의 기반은 이 전과 비교할 수 없을 정도로 넓어졌다.

2차 대전에는 만 명이 넘는 팔레스티나 아랍인들도 영국군으로 참전했지만, 그들은 유대인처럼 자체 부대를 구성할 수 없었다. 이 차이 역시 준국가 조직의 유무 다음으로 지금의 두 민족이 처지를 가른 요인이었다.

유엔의 분할안과 팔레스티나 내전

대전이 끝나자 팔레스티나에서는 유대인과 아랍인, 통치자인 영국, 이렇게 삼파전이 전개되었다. 자업자득이긴 했지만, 유대인 과격조직에 의한 영국인 희생자도 늘어났다. 이에 따른 자국민들의 반발도 커져갔기에 영국 정부의 입장은 아주 곤란해졌다. 더구나 승전국이라지만 국력을 완전히 탕진한 영국은 팔레스티나에 쏟을 힘은 없었기에 책임을 새로 생긴 유엔 UN에게 넘기고 빨리 빠져나갈 궁리만 하고 있었다. 결국 1947년 12월 19일, 영국은 일방적으로 팔레스티나 문제를 유엔에 넘겨 버린다고 발표하고 말았다. 할 수 없이 유엔은 같은 해 5월, '팔레스티나 문제특별위원회'를 구성했고 총 12차례에 걸쳐 현지조사를 행했다. 분할로 결론이 모아졌는데, 이 안의 강력한 지지자는 의외로 소련이었다. 이오시프 스탈린 Joseph Stalin 이 국내적으로는 소련 안에 사는 귀찮은 유대인들을 팔레스티나로 보내서 그 문제를 처리하고자 했기 때문이었고, 국제적으로는 영국의 제국주의와 반동적인 아랍 왕정국가들에 대항하는 동맹세력이 될 것으로 믿었기 때문이었다.

결국 11월 29일, 운명적인 결정이 내려졌다. 2만 6천㎢의 팔레스티나를 유대인 국가, 아랍인 국가로 분할하고 3대 종교의 성지인 예루살렘은 유엔의 국제 관리 도시로 만든다는 내용이었다. 이 중에 유대인 국가의 면적은 과반이 넘는 1만 4천㎢였고, 지중해안과 갈릴리 등 좋은 땅들이 많았다.[07] 에일라트_{Eilat} 항도 포함되어 홍해로의 출구도 확보했다는 사실도 빼놓을 수 없다. 유대인 국가로 지정된 지역

1947년, 유엔의 분할안

의 인구는 유대인 49만 8천 명, 아랍인 49만 7천으로 거의 동수였지만, 아랍인 국가 지역은 아랍인 75만 5천 명에 비해 유대인 1만 명으로 절대 열세였다. 합쳐보면 인구는 아랍인이 130만에 가까웠지만, 유대인은 그 절반에도 미치지 못했으니, 설대적으로 유대인에게 유리한 결정이 아닐 수 없었다. 다만 유대인 이민은 무서운 속도로 늘고 있었고, 앞서 이야기했듯이 경제력과 조직력은 유대인 쪽이 훨씬 강했다. 이유야 어쨌든 아랍인들 입장에서는 2천 년 동안 살아온 조상의 땅을 '합법적으로 강탈'당하는 순간임은 분명했다.

드디어 자신들의 나라를 만들게 된 유대인들은 환호했지만, 아랍인들은 망연자실했다. 사실 이 때까지 팔레스티나 아랍인들은 시위와 항의, 때로는 폭력으로 유대인들의 이민을 막기는 했지만

---

07   이전까지 아인슈타인은 이스라엘 건국에 큰 역할을 했으나 유대인 단독 국가 건설은 단호히 반대했다. 이후 대통령직 등 많은 직위를 제안 받았지만 모두 거절했다.

후세이니[08] 같은 극단주의자들에 대해서는 별다른 협조를 하지 않았다. 하지만 자신들의 의사를 무시하고 일방적으로 유엔이 이런 분할안을 발표하자 격렬하게 반발했다. 물론 지금까지의 통치자였던 영국은 아랍인들의 생존권에 대해 어떤 보장도 하지 않았다. 팔레스티나의 아랍인들은 11월 29일을 '상복의 날'로 정하고 팔레스티나 전역에 걸쳐 반 유대 봉기를 일으켰다. 11월 30일 유대인들이 탄 버스가 공격당해 7명이 사망하면서 팔레스티나는 대혼란에 빠져들었다. 예루살렘에서는 유대인과 아랍인들이 상대방의 상점을 공격했다. 서로 간에 대한 공격은 점점 격렬해졌고 복수는 복수를 낳았다. 투석, 총격, 방화, 칼침이 일상화 되었는데, 영국총독부의 집계에 따르면 '평화의 도시' 예루살렘에서만 분할결의안 발표 후 6주 동안 아랍인 1069명, 유대인 769명, 영국인 123명이 죽었다고 한다. 이렇게 팔레스티나를 시작으로 말레이시아, 케냐Kenya, 키프로스, 예멘 등지에서 이어질 영국의 식민지 전쟁이 시작된다. 12월 7일, 이집트Egypt와 시리아, 레바논Lebanon, 요르단Jordan, 이라크Iraq 등 신생 아랍 국가들은 유엔 결의안을 인정할 수 없다고 선언하고 성전Jihad을 선포하였다. 유대인들에게는 당시 정규군이 없었고, 아랍 진영도 본격적으로 정규군을 동원한 것이 아니기에 이를 팔레스티나 내전이라고 부르는 이들도 많다. 어쨌든 이제 대화로 문제를 해결할 가능성은 완전히 사라졌다. 2011년 10월 29일, 팔레스티나 자치정부 수반 마흐무드 압바스Mahmoud Abbas는 아랍과 팔레스티나이 1947

---

08   2015년 10월 20일, 이스라엘 총리 네타냐후는 1941년 히틀러와 만난 후세이니가 '유대인들을 추방해봤자 다시 올 것'이라며, '불태워라(Burn them)'라고 말했다고 주장했다. 히틀러가 홀로코스트를 결정했지만 이를 부추기고 영감을 준 자는 후세이니 라는 것이다. 이 주장은 이스라엘 국내에서도 큰 반발을 가져왔다. 후세이니는 금발에 푸른 눈을 지녀 히틀러의 호감을 샀다고 한다. 상당수의 후세이니 조직원들은 영국군에게 체포되어 수감되었는데, 얄궂게도 이르군이나 레히 같은 유대인 조직원들과 같은 감옥에서 마주쳤다고 한다.

년 분할안을 거부한 것은 큰 실수였다고 인정했다. 물론 이스라엘이 이를 빌미로 64년 동안이나 팔레스티나를 괴롭히고 공격했다는 비난을 빼놓지는 않았다. 벤 구리온은 수단방법을 가리지 않고 무기를 입수함과 동시에 기술자들을 미국과 유럽으로 보내 기계들을 가져와 경무기의 자체 제작을 본격적으로 시작했다. 그 어려운 상황에서도 자립하겠다는 이런 자세가 그들의 생존을 가능하게 했던 것이리라.[09]

여기서 당시 9할이 농민인 팔레스티나인들에게는 유대인 민족평의회 같은 잘 짜인 조직이 없었다. 겨우 유대인의 시온정착협회를 모방하여 1946년에야 아랍민족기금Arab National Fund을 만들었지만, 자금과 조직력, 인적 역량에서 유대인들과는 비교가 되지 않았다. 또한 외교 역량도 엄청난 차이가 났다. 영국은 그렇다 치더라도 새로운 초강대국 미국과 소련에 연줄이 하나도 없었던 것이다. 이 두 가지 차이가 현재의 이스라엘과 팔레스티나의 차이를 만든 것이라고 팔레스티나 명문가 출신 라시드 할리디Rashid Khalidi가 주장했는데, 무척 설득력이 있다. 설상가상으로 어느 정도 전투력과 조직력을 갖춘 후세이니 그룹은 영국에 의해 추방당해 결정적인 순간에 그 자리에 없었다. 상당히 늦었지만, 유럽에서 돌아와 레바논에 자리 잡은 후세이니가 아랍 구세군이라는 의용병 조직을 결성했는데 두 조카가 지휘를 맡았다. 그들에게 가장 중요한 목표는 예루살렘이었다. 1948년 3월 24일, 예루살렘으로 향하는 유대인 수송부대를 습격해 궤멸시키는 전과를 거두기도 했다.

---

09   이런 상황은 1960,70년대 북베트남과도 비교할 수 있을 것이다. 남베트남은 미국이 뿌리는
      달러를 낭비하며 흥청거리고 있었지만, 가혹한 북폭에 시달리면서도 북베트남은 소련과
      동유럽, 중국에서 보낸 지원금으로 선전전에 필요한 종이와 자전거, 소형선박, 경무기와 탄
      약을 생산하는 공장을 세웠다. 이런 자세의 차이가 전쟁의 승패를 좌우한 것이다.

북부 갈릴리에는 오스만 제국과 이라크 군에서 장교를 지낸 카우지$_{Kauji}$ 등 일부 야심가들이 조직한 아랍 해방의용군이 아랍 국가들의 지원을 받아 1947년 12월에 조직되었다. 아랍해방의용군은 3개 대대로 편성되었는데, 제1대대에 야르무크$_{Yarmouk}$[10]라는 이름을 붙었다. 아랍 해방의용군에는 시리아 출신이 더 많았다. 두 조직에 모두 '아랍'이라는 고유명사가 들어가고 팔레스티나라는 고유명사가 없다는 사실에 주목해야 할 것이다. 그 전까지 그들은 아랍인일 뿐 팔레스티나인이라는 민족적 정체성은 희박했다는 증거이다. 그들은 외교권을 아랍 연합에게 넘겨주었고, 그들이 유대인들을 몰아내 주기만을 바랬을 뿐이었던 것이다.

따라서 그들의 저항은 조직적인 것과는 거리가 멀었다. 일부 나치 잔당이 아랍 측에 가세하여 지휘를 맡기도 했지만, 효과는 제한적이었다. 또한 참전하고자 하는 아랍 국가들의 일차적인 목적은 이스라엘의 타도와 팔레스티나 국가의 건설이 아니라 아랍 몫인 12,000㎢의 땅을 더 많이 차지하는 것이었다. 자신들이 앞장서 싸우다가 가장 많은 피해를 입는다는 것도 피해야 할 일이었다. 이런 상황에서 아랍 연합군의 손발이 잘 맞을 리가 없었다. 아랍 연합군 중 가장 정예부대를 가지고 있는 요르단 국왕 압둘라$_{Abdullah}$ 는 비밀리에 훗날 이스라엘 총리에 오르는 골다 메이어$_{Golda Meir}$와 모셰 다얀을 만났다. 사실 그는 다른 아랍 지도자들과는 다르게 유대인들의 저력을 가장 잘 이해하고 있던 인물이기도 했다. 유대인 쪽에서는 요르단의 미 참전을 대가로 요르단으로 피난 올 주민들에 대한 지원금을 지급하고, 하이파 항을 요르단이 자유롭게 사용한다는 조

---

10   야르무크는 막 탄생한 이슬람이 636년 8월, 비잔티움 제국과 싸워 결정적인 승리를 거둔 전장이다.

건으로 합의하려고 했지만 결국 결렬되고 말았다. 나중 이야기지만 이 때문에 압둘라 국왕은 팔레스티나인들의 분노를 샀고 1951년 7월에 암살당하고 말았다.

그 사이 유대인들은 자기 구역뿐 아니라 유엔에서 정한 아랍인 지역에서도 아랍인들을 무자비하게 강제 추방하였고, 1948년 3월 텔 아비브에 임시정부를 수립하고 그들이 실행한 추방 작전은 모두 13개인데, 그중 8개가 아랍인 지역에서 행해졌다. 많은 어린이들이 요르단 국경까지 걸어가다가 쓰러져 죽었다. 이를 지휘했던 라빈은 이렇게 말했다.

> *"자신이 내린 명령이 자랑스럽지는 않지만 어쩔 수 없었다. 후방에 적대 세력을 남겨둘 수 없었기 때문이다."*

참고로 이 책의 중요한 인물 중 하나이자 4차 중동전 골란 고원 전선에서 용명을 떨치는 아비가도르 카할라니Avigdor Kahalani의 아버지 모셰도 라빈을 따라 그 '작전'을 수행한 바 있다. 참고로 카할라니 가문은 예멘Yemen 출신이다.

추방 정도면 그나마 다행이라고 할 수 있다. 1947년 12월 18일에는 팔마흐에 의해 수십 명의 아랍 여성과 어린이 등이 살해당했던 키사스Khisas 학살이 벌어졌고, 1948년 4월 9일에는 데이르 야신Deir Yassin에서 이르군에게 주민 250여 명이 학살당하는 사건까지 발생했다. 팔레스티나인들 사이에서 공포 분위기가 전파되게 함으로써 그들을 몰아내고자 벌인 사건들인데, 강간사건과 귀중품 약탈도 적지 않았다.[11] 이런 수법은 나치와 소련이 불과 몇 년 전에 써먹었으며, 유대인 자신들이 가장 큰 피해자였다는 사실을 상기하지 않을 수 없다. 이런 사실은 인간 본성에 대한 회의를 들게 만든다. 어쨌든 그들의 수법은 먹혀들어가 팔레스티나인들은 조상 대대로 살던 마을을 떠날 수밖에 없었다. 이렇게 지금까지 이어지는 팔레스티나 난민 문제는 이렇게 시작된 것이다.

물론 아랍 쪽도 당하고만 있지는 않았다. 그 대학살이 있은 지 불과 나흘 후인 4월 13일, 예루살렘의 스코푸스Scopus 산에 있는 하사다Hassadah 병원으로 향하는 버스 10대에 탄 의료진과 수송요원을 공격해 의사와 간호사 등 77명을 학살한 것이다. 4월 내내 예루살렘에서 벌어진 전쟁에서 주목할 만한 것은 성 시몬 수도원에서 벌어진 전투였다. 팔마흐 전사 120명은 16시간 동안 벌어진 이 전투에서 승리했지만, 40명이 전사하고 60명이 부상당하는 엄청난 손실을 입었다. 생존자들 중에는 엘라자르와 라파엘 라풀 에이탄Rafael 'Raful' Eitan, 우리 벤 아리Uri Ben Ari도 있었다. 이들의 이름을 기억해 두어야 할 것이다.

이렇게 되니 아랍 국가들에 살던 유대인들 역시 아랍인들의 공격을 받아 대거 팔레스티나로 피신할 수밖에 없는 상황으로 몰렸다. 모로코Morocco에 살던 25만 명을 위시하여, 알제리Algeria, 튀니지Tunisia, 리비아Libya, 이집트, 이라크, 예멘, 시리아, 레바논 등 모두 57만에 가까운 유대인들이 몇 년 사이에 이주하였는데, 그 과정에서 사상자가 2,800여 명에 달했다고 한다. 물론 한 명이라도 더 동족

---

11   베긴 등은 유대인들의 가나안 정복 기록인 〈여호수아〉를 인용해 이를 정당화했지만 대역사가 아놀드 토인비Arnold Joseph Toynbee는 이스라엘 건국사상 최대의 오점이라 한탄했다. 예루살렘의 랍비가 학살자들을 파문할 정도로 내부에서도 반발이 컸던 참사였다.

이 필요한 팔레스티나 유대인 입장에서는 반가운 일이 아닐 수 없었다.

이런 엄청난 난리가 일어났음에도 아직은 '법적 책임자'인 영국은 양쪽의 군사행동을 묵인, 아니 수수방관했다. 이것이 '백인의 책임'을 내세우며 전 세계의 4분의 1을 식민지로 만들었던 영국인들의 민낯이다.

필사적인 전쟁준비

어쨌든 전쟁은 불가피했다. 유대인들은 수단과 방법을 가리지 않고 무기를 입수하고 병력을 모았다. 유대인 청년들은 모두 입대했고, 해외에서 전투경험을 가진 유대인들이 몰려들어 병력은 7만이 넘을 정도가 되었다. 상당수의 여성이 포함된 이 숫자는 전체 인구의 1할이 넘었으니 그야말로 총동원이었다. 군사조직 역시 기껏해야 실제로는 대대보다 약간 큰 정도에 불과했지만 훗날 유명해지는 제1골라니$_{Golani}$ 여단을 비롯한 6개 여단을 편성할 정도로 외관상으로는 엄청난 발전을 이루었다. 물론 말만 여단이지 내용은 형편없었고, 특히 장비부족은 아주 심각했다. 1948년 초, 그들의 장비는 독일제, 영국제, 미제 등 잡다한 라이플 2만여 정과 3500여 정의 기관단총, 경박격포 190여 문에 불과했고 전차는 물론 중기관총이나 야포조차 전혀 없었다. 그나마 포라고 부를 수 있는 물건은 20㎜ 기관포 24문이 전부였다. 워낙 사정이 급했기에 지하공장에서 자체적으로 만든 간이 '중박격포'도 몇 문 있었다.

당연히 해군과 공군은 물론 후방 병참조직도 전무했고, 군복조차 통일되어 있지 않았다. 미국 유대인의 헌금으로 하가나는 2차 대전 때 쓰다 남은 잉여병기를 주로 체코슬로바키아ᴄᴢᴇᴄʜᴏꜱʟᴏᴠᴀᴋɪᴀ를 통해 대거 입수했다. 독일제 모젤ᴍᴏꜱᴇʟ소총, MG34기관총, MP40기관단총, 영국제 브렌ʙʀᴇɴ 경기관총, PIAT 대전차척탄발사기, 이탈리아제 경기관총, 미국제 바주카포 등 개인화기류는 나무상자에 담아 비교적 쉽게 들여올 수 있었다. 많은 총기에는 나치 문장이 새겨져 있었지만 유대인들은 아랑곳하지 않고 그대로 사용했다. 그러나 중화기나 전차, 전투기 구입은 쉬운 일이 아니었다.

이런 상황에서 놀랍게도 '장갑차'는 100대 이상 보유하고 있었다. 하지만 이 물건들은 거의 일반 차량에 철판이나 콘크리트를 두르고 지붕에 올린 총탑에서 경기관총을 쏠 수 있는 1차 대전 형 장갑차였다. 총탑은 달지 않고 손으로 장갑판을 단 '장갑버스'도 몇 대 만들었다.[12] 그들은 이런 장갑차를 '샌드위치 차'라고 불렀다. 어쨌든 이런 장갑차들을 모아 시기상조라는 느낌이 강하게 들지만 제8기갑여단을 창설하였고, 사데가 여단장을 맡았다.

이 때 그들이 보여준 모습은 1939년 겨울의 핀란드ꜰɪɴʟᴀɴᴅ와 1946년의 베트남을 연상하게 한다. 2차 대전 후 이 세 나라만큼 전 국민이 단결하여 강력한 외세에 맞선 경우는 거의 찾아보기 힘들다. 특히 세 나라는 여러 나라의 갖가지 무기를 가리지 않고 입수하여 사용했다는 사실도 아주 흥미로운 부분이다.

이미 전차를 보유하고 있는 아랍군에게 상당한 인명 손실을 입은 하가나는 전차를 손에 넣고자 수단 방법을 가리지 않았다. 그들이 첫 번째 전차를 손에 넣은 날은 독립 선언 이틀 전인 1948년 5월

---

12 이 장갑버스들은 미국제 25인승 버스를 개조한 것인데, 이후에도 소집된 예비역을 전선에 실어 나르는 역할을 상당 기간 수행했다.

제8기갑여단의 장갑차

12일이었다. 하이파 항구에서 자국군의 철수를 호위하고 있던 미국제 M4 셔먼~Sherman~ 전차가 있었는데, 이 전차병들을 아름다운 유대 아가씨 3명이 유혹했고, 근처 레스토랑에서 몇 시간 동안 먹고 마신 전차병들이 돌아오니 전차는 흔적도 없이 사라져 버렸다. 그 사이 그 전차는 텔 아비브 근교의 한 키부츠에 있는 건초더미 속에 숨겨져 있었다. 어쨌든 그 강력한 이스라엘 기갑부대도 시작은 이런 코미디 같은 일로 시작되었던 것이다. 또한 폐기되는 전차 몇 대를 유대인에 동정적인 영국군 병사들의 협조를 얻는 방식으로 손에 넣었다.[13] 이런 식으로 입수한 전차는 셔먼 3대와 영국제 크롬웰~Cromwell~ 3대, 크루세이더~Crusader~ 3대였다.

지금의 이스라엘은 양적인 면으로 보면 세계에서 가장 인구 비율 당 가장 많은 전차를 보유하고, 질적으로도 세계 최강 수준의 기

---

13   필자가 보기에는 매수했을 가능성이 높다.

갑부대를 가진 '기갑왕국'이라 할 수 있는데, 그런 그들도 시작은
어처구니없을 만큼 초라했다고 말할 수밖에 없다.

독립 선언과 1차 중동전쟁
(이스라엘 독립전쟁)

이스라엘의 건국과 '정식 전쟁'의 시작

5월 14일, 텔 아비브의 박물관에서 37명의 대표가 모여 유엔의 분할안을 기초로 한 유대인 국가 이스라엘의 건국이 선포하였다.[01] 식장에는 현대 시오니즘의 창시자 헤르츨의 대형 사진이 걸려 있었다. 놀랍게도 그는 1897년 바젤 회의 때 50년 후에는 팔레스티나에 유대인 국가가 세워질 것이라고 예언했다고 한다. 초대 총리는 벤 구리온 이었고, 국방장관을 겸임했다.[02] 인구는 그 사이에 유럽에서 넘어온 이민으로 인해 더 늘어나 약 70만이 되었다. 몇 시간 후 미국은 이스라엘을 공식적인 정부로 승인했다. 하지만 주변의 아랍 국가들 즉 이집트, 요르단, 시리아, 레바논, 이라크는 즉시 이스라엘에 선전포고했고, 바로 그날 이집트 공군기가 텔 아비브를

---

01   여기서부터는 유대인이 아니라 이스라엘인으로 부를 것이다.

02   이스라엘은 포화 속에서 건국된 나라이기에 가장 시급한 문제는 역시 국방이었다. 따라서 총리가 국방장관을 겸임했고, 이 전통은 일시적인 예외가 있긴 했지만 1967년 6일 전쟁 직전까지 이어졌다. 건국 당시 국방차관은 레비 애쉬콜 이었다. 그런데 벤 구리온은 군사에 대해서는 문외한이었고, 책을 쌓아놓고 공부하면서 전쟁을 지도했다. 많은 사가들이 그가 영국이나 프랑스에 태어났다면 처칠과 드골에 비견되는 인물이 되었으리라고 주장하는 것은 그럴 만한 이유가 있다고 하겠다.

이스라엘 건국 선언식

폭격해 시민 한 명이 죽었다. 무력한 신생국가는 곧 질식사 할 듯이 보였다. 실제로 대부분의 사람들은 길어야 석 달 안에 그렇게 될 것이라고, 이스라엘의 독립은 2천 년 만의 유대인 국가 건설이라는 상징적 선언으로 끝날 것이라고 확신하고 있었다. 벤 구리온 자신도 당시 이 나라의 생존 확률은 50%라고 생각했을 정도였다.

아랍연합군은 4만에 미치지 못하는 수준이어서 수적으로는 열세였다. 그러나 정규군이었기에 훈련 상태, 장비 등이 훨씬 뛰어났으며, 전차와 공군, 해군도 큰 규모는 아니지만 보유하고 있었다. 여기서 아랍군의 기갑전력을 알아보도록 하겠다. 이집트군은 영국제 발렌타인Valentine과 마틸다Matilda 전차, 셔먼 전차, 아처Archer 대전차자주포, 독일제 150㎜ 자주포, 그 외 경전차와 장갑차 등을 합쳐 200대 정도를 보유하고 있었다. 시리아군은 비시 프랑스군이 장비했던 R35, R39 전차 45대와 미국제와 남아프리카제를 포함한 수십 대의 장갑차를 가지고 있었으며, 요르단군은 영국제 경전차로 구성된 4개 대대를 보유했다. 이라크도 기갑부대를 가지고 있었다. 물론 유럽 열강들이 보기에는 아무것도 아니었지만, 전차는 물론 대전차포도 거의 없는 신생 이스라엘군에게는 너무 버거운 전력이었다.

더구나 전략적으로도 완전히 신생 이스라엘을 포위하고 있다는 이점까지 겸비하고 있었다. 실상가상으로 이스라엘의 국경신은 정치적으로 그어진 것이어서 방어에 유리한 지형은 존재하지도 않았기에 공격하기도 쉬웠다. 특히 인구가 밀집된 지역은 폭이 20km에도 미치지 못했기에 더욱 취약했다. 하지만 아랍 측은 5개국으로 나뉘어 있었음에도 통합적인 작전 계획도 기구도 없었고 서로 자신들이 가장 많은 피해를 보는 것을 원하지 않았기에 전의가 부족했다는 치명적인 약점을 지니고 있었다.[03]

또한 이스라엘에는 세 가지 이점이 있었다. 첫 번째는 포위되어 있었지만 그만큼 보급과 연락에 유리한 내선상의 이점이었고, 두 번째는 병사 대부분은 훈련도가 낮았지만 영국군을 비롯하여 폴란드군, 소련군, 미군, 캐나다군 소속으로 2차 대전을 치른 장교와 부사관, 병사 들이 많았다는 점이다. 더구나 그들의 상대는 약체 이탈리아군일 때도 있었지만 대부분은 세계 최강 독일국방군_{Wehrmacht}을 상대로 싸웠다.[04] 이에 비해 아랍군의 전투경험은 일부에 한정되었고 그들의 상대도 비시 프랑스군이나 친독 쿠데타를 일으킨 이라

---

03 마이너츠하겐은 이집트, 시리아, 사우디아라비아, 이라크 등 찢겨진 아랍 국가들을 두고 떠돌이 개라며 비하했다. 요르단군이 상대적으로 나았지만, 이들이 다른 개보다 더 나은 개일 뿐이라는 표현을 일기에 남겼을 정도였다.

04 영국군 출신 장교와 병사들이 그렇게 많았음에도 불구하고, 이스라엘군은 영국군의 제도나 관습 등을 일절이라고 해도 좋을 정도로 받아들이지 않았다는 사실은 무척 놀랍다. 윈게이트로부터 영향을 받긴 했지만, 그의 특이한 개성을 감안하면 개인적인 차원으로 보는 쪽이 옳을 것이다.

크의 라시드 알리군 정도여서 수준 차이가 컸다. 마이너츠하겐은 아랍군을 눈앞에 총을 두고도 쏠 줄도 모르는 족속이라고 혹평할 정도였다.

마지막으로는 2천 년 만에 조국을 만들었는데 바로 멸망당할 순 없다는 온 국민과 군의 의지였다. 골다 메이어는 이렇게 말했다.

"우리는 아랍을 상대로 한 최종병기를 지녔다.
그것은 바로 지면 끝장이라는 절박감이다."

인구가 많고 땅이 넓은 아랍 진영은 전쟁에 져도 재기할 여유가 있지만 둘 모두 부족한 이스라엘은 한 번의 패배가 곧 국가의 소멸로 이어질 가능성이 아주 높았다. 이런 절박감이 모든 중동전쟁의 승패를 좌우했던 것이다.

그럼에도 처음 4주의 전투 가운데 이스라엘군은 분전했지만 계속 패했고 1,200명에 이르는 전사자를 냈다. 이 중 상당수가 적 전차에 의한 희생자였다. 이 시기에 만든 지 반세기가 다 되가는 프랑스제 65mm 유탄포 몇 문이 들어왔다. 그런데 이 시점에서 UN 안전보장이사회가 휴전을 요구했다. 아랍 측은 이에 응하지 않았지만 6월 11일 1개월이라는 조건부로 받아들일 수밖에 없었다. 이 한 달이 이스라엘에게는 신의 축복처럼 귀중한 시간이었고, 아랍 측에게는 두 번 다시 이스라엘을 멸망시킬 기회가 오지 않았다.

신생 이스라엘 정부는 그전부터 전차의 필요성을 절감하고 구입을 위해 노력했지만 전차 구입은 항공기보다도 훨씬 어려웠다. 항공기는 조종사가 그대로 몰고 오면 되지만 전차는 양륙시설까지 있어야 해서다. 암시장을 통해 당장 구할 수 있던 것은 10여 대의 프랑스제 H35와 H39가 전부였다. H35와 H39는 이미 2차 대전 초기에 구식이 되었고 전차가 그토록 부족했던 독일군조차 이 전차들을 대량으로 노획했음에도 파르티잔 토벌전 등 2선에서만 사용했을 정도였다. 어쨌든 신생 이스라엘군에게는 귀중한 기갑전력이었던 이 전차들은 '농업용 기계'로 위장되어 마침 휴전 첫 날인 6월 11일에 하이파 항에 내려졌다.

이것들과 기존의 '장물 전차'를 합쳐 이스라엘의 첫 전차부대 제81과 제82전차대대가 편성되었고 두 대대는 제8기갑여단 예하로 들어갔다. 소련군과 영연방군 출신으로 급조된 전차부대는 그야말로 가관이었다. 대대장과 일부 대원들은 소련군에서 전차를 타고 싸웠기에 경험은 풍부했지만 당연히 영어를 몰랐다. 영국군 출신 병사들은 전차를 몰 줄 몰랐고 러시아어를 할 리 없었다. 몇몇은 이디시$_{Yiddish}$어, 독일어, 히브리어를 구사했지만 통역을 통한 의사소통조차 어려운 상황이었던 것이다. 다행히 여단장 사데가 이 언어들을 다 구사했기에 통역을 통해 명령이 내려지면서부터 의사소통이 가능해졌다. 이는 이스라엘군이 유대인으로 구성되었음에도 실질적으로는 '다민족 군대'라는 사실을 증명하는 일화이기도 하다.

의사소통의 어려움과는 별개로 불과 3년 전에 세계 최고 수준의 전차를 가지고 싸웠던 소련 출신 전차병들은 갑자기 10여 년 전에 나온 골동품을 몰고 싸우는 '신세'가 되었으니 기분이 착잡했을 것이다. 당연하지만 이 고물들은 부품 부족 등으로 정비도 제대로 받을 수가 없어 잦은 고장을 일으켰다. 하지만 이조차도 부족해서 제82전차대대는 하프트랙에 영국제 6파운드 대전차포를 단 자주포를 투입해야 했다. 공교롭게도 프랑스에서 막 독립한 시리아 역시 같은 프랑스제 구식 전차를 몰고 전장에 나서고 있었다.

당시 제7여단의 하프트랙

여단의 창설 그리고 라트룬 전투

독립 선언 엿새 후인 5월 20일, 이 글의 주인공 제7기갑여단이 당시에는 제7여단이란 이름으로 탄생한다. 지금은 세계 최강의 기갑부대 중 하나인 제7여단도 당시에는 미국제 하프트랙 10여 대가 기갑장비의 전부였다. 무기도 소화기가 대부분이었고 심지어 사막전투에 꼭 필요한 수통조차 거의 준비하지 못한 상태였다. 여단 소속 세 개 대대 중 한 대대는 방금 팔레스티나에 도착한 이민자들로 구성되어 있었으며, 많은 대원들이 개전 2, 3일 전에야 총을 잡았을 정도였다. 일부는 독일의 난민수용소나 키프로스_{Cyprus}의 캠프에서 목총으로 훈련받은 경험이 전부였다. 급하게 이들을 훈련시키던 솔로몬 샤미르 대령이 그대로 초대 여단장을 맡았다.[05] 하임 헤르조 그는 부여단장 겸 작전주임 자리를 떠맡아야 했다.

---

05   샤미르는 1949년 해군으로 이적하여, 사령관을 맡았고, 다음 해에는 공군 사령관을 맡는다. 그의 후임이 바로 라즈코프였다.

이런 오합지졸들로 구성된 여단은 창설된 지 3일 만에 전투에 투입되었다. 이 전투가 바로 이스라엘군의 첫 번째 야전인 라트룬Latrun 전투였다. 당시 이스라엘에서는 절대로 포기할 수 없는 예루살렘 Jerusalem 에 상당수의 민간인과 군대가 포진하고 있었고, 이들은 텔아비브에서 공급되는 보급품에 절대적으로 의존하고 있었다. 이 보급로 중간에 라트룬이 위치해 있었던 것이다. 이 사체만으로도 중요하지만 라트룬은 도로를 내려다보는 고지대의 요새이기도 했기에 반드시 확보해야 하는 요지였다. 제7여단은 제3알렉산드로니 여단과 함께 라트룬 공격을 시도했지만 강력한 열풍이 불었고, 이에 익숙하지 않은 갓 이민 온 병사들은 전투 전에 무더기로 쓰러지고 말았다. 설상가상으로 요르단의 정예부대 아랍군단의 강력한 포화를 맞고 작전에 실패하고 말았다. 지금까지 이어지는 화려한 여단 역사의 첫 페이지는 이렇게 패배로 시작되었던 것인데, 이때의 전사자 숫자는 아직까지도 알려지지 않고 있다.

훗날 2, 3, 4차 중동전쟁과 레바논 침공에 이르기까지 용명과 악명을 날리고 수상까지 오르는 아리엘 샤론이 알렉산드로니 여단 소속으로 싸우다가 부상을 입었다. 라트룬에는 1982년에 세워진 전차박물관이 있는데, 세계 최대의 규모를 자랑한다. 참고로 이 책에 나오는 전차와 기갑차량 사진 중 상당수가 이 박물관에서 찍힌 것들이다. 이곳에 있는 건물에는 여전히 많은 탄흔이 남아있다고 한다. 이 전투 직후인 5월 28일, 이스라엘 정부는 정식으로 이스라엘 국방군을 창설하였다. 5월 26일, 하가나와 팔마흐, 이르군, 리히 등 모든 군사조직이 통합되어 이스라엘 국방군이 정식으로 탄생하고, 기존조직들은 6월 1일까지 모두 해체되었다. 초대 참모총장은 야콥 도리Yaakov Dori 였는데, 1899년 우크라이나에서 태어난 어린 시절 팔레스티나로 이주한 다음 1차 대전 당시 영국군에 입대한 경력이 있는 인물이었다. 물론 하가나에도 참가했다.

이틀 후인 5월 30일, 제7여단은 킬리아테 여단과 함께 다시 라트룬 공격에 나섰다. 이번에는 해가 진 다음에 공격을 시도했다. 하지만 고도의 전술훈련이 필요한 야간전투를 신병들이 대부분인 병사들이 잘 해낼 리가 없었다. 요새까지 무사히 접근하는 데 까지는 성공했지만 키프로스 난민 캠프 출신의 한 병사가 화염방사기를 적진을 향해 발사하는 순간 그 불빛에 하프트랙이 고스란히 노출되고 만 것이다. 아랍군단은 대전차포를 비롯한 화력을 하프트랙에 집중시켰다. 여단은 이렇게 요새의 문 앞까지 갔지만 몇 시간의 격전을 치렀지만, 공격은 실패하고 말았다. 더불어 귀중한 하프트랙을 4대나 잃은 것도 뼈아픈 손실이었다.

벤 구리온은 라트룬을 어떻게든 차지하기 위해 미 육군 퇴역 대령 출신인 다비드 마커스David Marcus [06] 를 현지 사령관으로 그 곳에 보냈다. 현장을 파악한 그는 라트룬 공격과 별개로 예루살렘을 연결하는 우회 통로의 개척을 건의하였고, 마침 어느 장교가 로마 시대에 만들어진 '도로'를 발견하였다. 이 도로를 개척하여 라트룬 남쪽의 협곡을 우회하는 통로가 말 그대로 피와 땀으로 개통되었다. 유대인들은 2차 대전 당시 중국의 숨통을 이어준 미얀마 통로의 이름을 빗대어 '미얀마로'라고 불렀다. 하지만 최고의 공로자 마커스 대령은 도로의 개통과 거의 동시에 어이없게도 아군 보초의 오인 사격으로 죽고 말았다.

이유야 어쨌든 첫 전투에서 패배한 이스라엘군은 앞서 이야기

---

06 그는 웨스트포인트West Point 육군사관학교 출신으로, 노르망디 상륙 작전에 참가한 베테랑이었다.

라트룬에 있는 제7기갑여단 기념비

한 한 달간의 휴전 기간을 이용하여 중무기와 전투기를 도입하고 맹훈련에 들어갔다. 특히 제7여단은 더 열심이었다. 첫 전투의 패배로 화가 나 있었던 라즈코프 대대장은 부대원들을 가혹할 정도로 내몰았다. 그는 훗날 공군으로 이적하여 공군 총사령관과 참모총장에 오른다. 그는 들고양이를 잡아 푸대에 넣고 나무에 매달고는 병사들이 교대로 총검으로 찔러 죽이는 '야만적'인 훈련까지 서슴지 않았다. 이런 식으로 유약했던 유대 청년들은 고양이의 비명을 들으며 무자비한 전사로 거듭나기 시작했다. 사실 유대인들은 잘 알려진 대로 학문이나 예술 면에서는 뛰어났지만, 군사적으로는 별다른 인물을 배출하지 못했는데, 이제 그 잠재력이 폭발하기 시작한 것이다.

7월 9일, 휴전은 끝났고 제7여단은 북쪽 갈릴리 지방에 배치되었다. 여단은 그간의 훈련으로 새로운 면모를 보이며 임무를 잘 수행해냈다. 이스라엘군은 1차 휴전이 끝나고 전투가 재개된 후에 2차 휴전이 발효되는 7월 18일까지 불과 열흘 동안 데켈Dekel 작전을 펼쳤고, 그 결과 남부 갈릴리에서 지중해 해변에 위치한 하이파에 이르는 영토를 손에 넣는데 성공하였다. 이 전역에서 제7여단은 재미있는 일화를 남겼다.

유대인으로 2차 대전에서 캐나다군 소속으로 노르망디 상륙작전을 비롯한 수많은 전투에 참가했던 벤자민 벤 둔켈만Benjamin 'Ben' Dunkelman은 종전 후에 캐나다로 돌아가 사업을 구상하고 있다가 순수한 여행객 신분으로 중동전쟁이 시작한 1948년, 팔레스티나 땅을 밟았다. 이스라엘군 수뇌부는 2차 대전 중에 전투경험을 쌓은 유대인들을 찾기 위해 혈안이었기에 그를 만나자 그에게 바로 제7여단을 맡겼다. 샤미르나 라즈코프는 더 큰 작전을 지휘해야 했기 때문이었다. 그는 7월에 여단장이 되었고, 10일 동안 골라니 여단을 비롯한 보병 부대들과 함께 이스라엘 북부를 누비면서 릴리에서 지중해 해변에 이르는 땅을 점령했다. 그의 참전은 일거양득이었다. 그는 자원봉사자였던 유대 여성과 사랑에 빠져서 전쟁 후에 그녀와 결혼했으니 말이다. 둔켈만은 이런 달콤한 시기를 보내고 있었지만, 팔레스티나인들에게는 정반대의 참혹한 시절이었다.

7월 6일, 제7여단은 골라니 여단과 카르멜리 여단과 함께 마을에서 적을 완전히 청소하라는 명령을 받았는데, 여기서 말하는 '적'이란 무방비 상태의 팔레스티나 주민들을 의미하는 것이었다. '야자수'라는 이름이 붙은 이 작전으로 예수 그리스도의 고향인 나사렛Nazareth을 비롯한 여러 마을이 '청소'되었고, 최소한 1만 명 이상이 거의 빈손으로 조상대대로 살아온 마을에서 추방되었다. 이때는 막 생겨난 이스라엘 공군이 폭격을 자행하여, 공포를 전염시키면서

레바논으로 피신하는 아랍 난민들

'청소'에 큰 몫을 맡았다. 이 시기에 여단은 팔레스타인인 인종청소를 주도했다는 씻을 수 없는 흑역사를 남긴 것이다. 이스라엘 정부는 이런 인종청소 계획을 공식문서로 남기지는 않았음은 물론이고 신문들도 기사화하지 않는 용의주도함을 보였다.

7월 17일, 유엔의 중재로 3개월간의 2차 휴전이 이루어졌다. 그 사이 이스라엘은 스위스, 이탈리아, 벨기에 심지어 멕시코에서도 무기와 유류를 입수하는 등 충실히 군사력을 증강시켰을 뿐 아니라 7월 27일에는 첫 번째 군사 퍼레이드를 열광적인 환호 속에 텔아비브에서 열면서 더욱 자신감을 과시했다. 육군의 전차와 대포, 장갑차가 대로를 행진하고, 다비드의 별이 새겨진 전투기가 상공을 날았다.

이스라엘 국방군의 전체 규모도 9만 4천 명에 이르러 아랍군의 두 배에 달하게 되었다. 그 전부터 병참 장교가 수소문해서 이탈리아_{Italy}에서 고철로 스크랩 처리하려던 셔먼 전차들을 '비전투 물자'

이스라엘 국방군의 첫 번째 군사퍼레이드

로 위장하여 80여대 정도를 입수했다. 대부분 105㎜ 야포를 단 화력지원형이었는데, 기관총과 캐터필러가 제거되고 주포에 드릴로 구멍을 6개나 뚫어놓은 상태였다. 따라서 구멍을 메우고 강철 링으로 포신을 보강한 뒤 독일제 MG34기관총을 달았다. 어떤 전차에는 독일제 포를 장착했는데 셔먼 특유의 수많은 바리에이션 탓에 호환되는 부품이 별로 없을 정도였다. 정확한 숫자는 알 수 없지만 약 30여 대가 재생되었는데, 재생한 주포의 유효사정거리는 100m 정도에 불과했다고 한다. 그럼에도 없는 것 보단 훨씬 나았기에 이스라엘군의 주력 전차로 활약했고 이때 얼마나 혹사했는지 종전 후에는 14대만 남았을 정도였다. 물론 셔먼 전차만 들어온 것은 아니었고, M3 스튜어트_{Stuart} 경전차도 일부 들어왔다. 영국제 유니버설 캐리어와 하프트랙도 상당량 유입되었다.

이런 과정 속에서 제7여단은 점점 효율적인 전쟁기계가 되어갔고, 10월에는 그들의 실력을 보일 무대가 마련되었다. 작전명은

〈히람_{Hiram}〉. 히람은《성서》에서, 솔로몬 왕에게 성전을 지을 향백나무를 제공한 티레의 왕 이름이었다. 작전 목표는 갈릴리에서 아랍군을 완전히 축출하는 것이었고 전술적으로는 독일군의 전격전 이론을 따랐다. 아이러니하게도 3년 전 사라진 독일국방군의 진정한 후예는 바로 이스라엘 국방군이었던 것이다.

히람 전역과 독립전쟁의 승리

10월 28일 저녁, 제7여단은 사파드_{Safad}의 전진기지에서 사사_{Sa'sa} 쪽으로 진격을 시작했다. 23대의 잡다한 전차와 하프트랙을 장비한 기계화보병대대가 선봉에 섰고 그 뒤를 갖가지 차량을 탄 보병들이 뒤를 따랐다. 처음에는 아랍군의 매설한 지뢰지대를 개척하느라 시간이 지체되었지만 다음 날 새벽부터는 빠른 진격이 가능했다. 많은 계곡과 구릉이 있고 도로망이 빈약한 지역이어서 기계화부대의 투입은 위험했지만 속도를 위해 모험을 했던 것인데, 멋지게 성공했다. 여단은 산꼭대기에서 퍼붓는 아랍군의 포화를 무릅쓰고 맹공을 가했고 작전개시 6시간 만에 사사를 함락시켰다. 남쪽에서 공격을 가한 골라니 여단을 비롯한 다른 부대들도 성공적으로 목표를 달성했다. 이렇게 60여 시간 만에 히람 작전은 성공적으로 끝났다. 물론 규모는 비교할 수 없을 정도로 작지만 스승인 독일군 못지않은 훌륭한 성과였다. 물론 이 과정에서도 인종청소는 계속되었고,《팔레스티나 비극사》에 의하면 여단 병사들에 의한 강간사건도 있었다고 한다.

아랍군은 완전히 붕괴되어 레바논과 시리아로 도주했다. 이스라엘군은 남쪽으로는 리타니_{Litani} 강, 북쪽으로는 마리키야_{Malikiya} 협곡에 이르는 지역을 모두 점령했다. 남부 전선에서도 이스라엘군이 네게브 사막에서 연전연승하였고, 여세를 몰아 시나이 반도의 거의 절반을 손에 넣을 정도에 이르렀다. 남쪽과 북쪽에서 보여준 이스라엘군의 기동전은 계속 이어질 연전연승의 전조였다. 4차 중동전까지 이스라엘 국방군 기갑부대의 오랜 동료가 될 셔먼 전차로 이루어진 중대가 첫 번째로 편성된 시기도 이때였는데, 중대장은 아단이었다. 전의를 상실한 아랍 국가들은 1949년 2월부터, 이집트를 시작으로 레바논과 요르단이 차례로 휴전에 동의하면서 사실상 전쟁이 끝났지만, 시리아와의 휴전협정이 이루어진 1949년 7월에야 공식적인 '평화'가 찾아왔다.[07] 그리고 9월에 둔켈만은 여단을 떠났다.

이스라엘 독립전쟁이라고 불리는 1차 중동전쟁은 이렇게 신생 이스라엘 군의 승리로 끝났다. 물론 대가는 컸다. 전체 전쟁 기간은 1년이 넘었지만, 실제 전투 기간은 61일에 불과했다. 그럼에도 이스라엘은 병사 4천 명, 민간인이 2천 명이나 죽었는데, 전체 인구의 거의 1%에 달할 정도로 모든 중동전쟁을 통틀어 이스라엘로서는 가장 많은 희생자를 낸 전쟁이었다. 수십 개의 촌락이 포격과 폭격으로 파괴되었다. 물론 유럽 기준에서는 작은 전쟁이었지만 막 태어난 작은 공화국으로서는 엄청난 규모였다. 아랍 측의 전사자는 약 1만 5천 명 정도였다.

그럼에도 불구하고 얻어낸 결과는 그만한 가치가 있었다. 전쟁에서 승리한 이스라엘은 유엔이 인정한 영토에다 6,350㎢를 추가

---

07   이라크는 휴전 협정조차 맺지 않고 철군하였다.

하여 팔레스티나 면적의 79%를 장악했기 때문이다. 또한 승리라는 결과는 해외의 유대인들에게 이스라엘이라는 나라가 자립할 수 있다는 확신을 들게 만들어 이민의 획기적인 증가를 가져왔다는 것도 전승의 아주 중요한 결과물이었다. 팔레스티나의 나머지 땅 중 가자Gaza 지구는 이집트가, 동예루살렘을 포함한 요르단 강 서안지구는 요르단이 차지했다.

절체절명의 위기에서 살아남은 이스라엘 군은 2년 사이에 많은 경험을 쌓고 엄청나게 성장하였다. 그리고 앞으로 치를 세 차례의 전쟁에서 전 세계를 감탄시킨다. 한편 이스라엘 기갑부대의 모체 역할을 다한 제8기갑여단은 해체되어 제82전차대대를 제7여단에게 넘기면서 짧은 역사를 일단 끝내지만[08] 탁월한 후계자를 남긴 셈이 되었다. 이때부터 제7여단은 제7기갑여단으로 변신했다.

하지만 제7여단을 비롯한 이스라엘군의 인종청소는 1949년 봄까지 진행되었고, 그 숫자는 무려 75만 명에 이르렀다. 더 서글픈 사실은 나치 수용소 생존자 출신들이 이 짓을 더 '탁월하게' 수행했다는 것이다. 이런 인종청소는 명백하게 유엔이 규정한 전쟁범죄에 해당되지만 이것이 유엔에 상정된 적은 한 번도 없다. 즉 이스라엘은 75만 명을 내쫓고 그들의 토지와 과수원, 가옥, 상점을 거의 빼앗고 그 위에 건설한 '강탈국가'인데, 현대에 들어와 세계에서 이렇게 세워진 나라는 이스라엘이 유일하다. 에드워드 사이드Edward W. Said 의 표현을 빌면, '이스라엘의 해방은 다른 민족의 잔해 위에 세워진 것'이며, 팔레스티나인들은 '희생자의 희생자'가 된 것이었다. 이스라엘 쪽에서는 아랍인들이 지도자의 지시에 따라 떠났다고 주장

---

08   제8기갑여단은 훗날 동원기갑여단으로 부활한다.

하지만, 학자들은 거짓 주장임을 밝혀냈다. 영국군 정보장교 출신으로 《중동일기》의 저자인 리처드 마이너츠하겐(Richard Meinertshagen)은 팔레스티나를 유대인에게 주고 원주민인 아랍인에게는 보상을 주는 방식으로 유대인 문제를 해결하자고 주장한다. 그리고 이 '해결책'은 팔레스티나보다 100배 더 넓은 미개척지에 사는 소수의 아랍인에게는 '아주 조금' 부당할 뿐이라고 주장하기까지 했다. 하지만 보상은 이루어지지 않았다. 물론 팔레스티나에 사는 아랍인 전부가 추방된 것은 아니었다. 남은 이들도 12만 명에 달했고, 현재도 이스라엘 땅에 살고 있지만 2등 국민 신세를 면치 못하고 있다.

1차 중동전쟁 직후의 이스라엘 국경

75만 명의 팔레스티나 난민들 중 46만 명은 요르단에, 가자지구로 20만 명이, 레바논에 10만 명, 시리아로 9만 명이 '이주'했는데, 당연하게도 거의 빈손이었다. 이 나라들도 찢어지게 가난했기에 그들을 수용할 여유가 없었다.[09] 유엔의 원조로 지어진 난민촌에서 당장 살 수는 있었지만 부족할 수밖에 없었음은 당연했다. 아랍 세계에 살았다가 추방된 유대인들의 빈자리에 그들을 정착시키면 되지 않겠냐는 반문이 나올 수 있겠지만 그

---

09   이스라엘 영토에 남은 아랍인들도 자신의 고향 마을에 그대로 남은 경우는 드물었다. 《이스라엘에는 누가 사는가》의 저자 다나미 아오에는 이들을 '국내 난민'이라고 표현했는데, 더 자세한 내용을 알고 싶은 독자들에게는 그 책의 구독을 권하고자 한다.

제7기갑여단의 휘장

자리는 현지인들이 모두 차지해버려 팔레스티나인들에게 돌아올 몫은 거의 없었다. 이에 비해 이스라엘은 아랍 세계에서 넘어온 동포들을 국가정책으로 재정착하게 했다. 그리고 이스라엘 국방군은 이들을 서구화하는 데 큰 역할을 맡았다. 이 차이가 이후의 중동정세에 결정적인 역할을 한 것이다. '인종청소'를 완료한 이스라엘은 벤구리온이 직접 감독하는 '기록말살 작업'을 시작했는데, 이는 모든 산, 계곡, 샘, 도로 등에 아랍 이름을 지우고 히브리식 이름을 짓는 것이었다. 이 사업은 1951년까지 완료되었다. 이렇게 '이스라엘로 바뀐 고향'으로 돌아간 팔레스티나인들도 있기는 했지만 극소수였다.

어쨌든 아랍 국가들도 어쩔 수 없이 휴전협정을 맺기는 했지만, 이스라엘을 인정할 생각은 없었으므로 전쟁은 언제 다시 터져도 이상할 것이 없는 상황이었다. [10] 그리고 다들 아는 바와 같이 계속해서 전쟁이 벌어진다. 그리고 적어도 군사적인 관점으로는 이스라엘군이 늘 이겼고 그 선봉에는 늘 제7기갑여단이 있었다.

---

10   그렇다고 아랍 국가들과 이스라엘이 비밀리에라도 만나지 않은 것은 아니었다. 하지만 이집트는 국가 승인의 대가로 네게브 사막을, 요르단은 지중해로의 통로를, 시리아는 갈릴리 호수 연안을 대가로 요구했기에 결렬될 수밖에 없었다.

제 7 기 갑 여 단 사

2차 중동 전쟁
(수에즈 분쟁)

이집트 혁명과 이스라엘의 군비확장

독립전쟁 뒤 이스라엘은 기반을 다졌다. 세계에서 동포를 들여 1954년에는 유대인 인구만 154만에 달했다. 그들이 강탈한 영토에 자리 잡았음은 물론이다. 같은 시기 최대의 가상 적국 이집트도 면모를 일신했다. 제1차 중동전쟁에 참전했다가 포로가 되기도 했던 자말 압델 나세르_{Jamal Abdan Nāsser} 대령은 1952년 7월 그의 자유장교단 중심으로 쿠데타를 일으켜 부패한 이집트 왕정을 타도하고 공화국을 선포했다. 나세르는 아랍 세계의 빛나는 별이라 불리며 죽는 날까지 이스라엘의 숙적이 된다. 이집트 공화국의 중요한 목표 하나가 이스라엘을 굴복시킬 군대 건설이었다. 나세르는 소련과 손을 잡았고 무기를 공급받았다. 이스라엘은 한국전쟁 때 미국을 사실상 지지해 소련을 실망시켰다. 소련은 이집트를 선택했고 1953년 2월 이스라엘과 국교를 단절했다. 스탈린이 죽기 한 달 전이었다.[01] 나

---

01   세계적인 사회학자 지그문트 바우만Zygmunt Bauman은 당시 폴란드 인민군 소령이었는데, 이 때문에 불명예 제대하고 말았다. 6일 전쟁 직후인 1968년에는 학계에서도 추방되어 이스라엘로 왔지만, 팔레스타인들에 대한 박해와 유대인 내부에서의 차별 등에 실망하여, 3년 만에 영국으로 이주한다.

세르는 이스라엘로 향하는 모든 물품의 수에즈 운하 통과를 금지했다.

상황이 심상치 않게 돌아가자 이스라엘 정부는 4, 5년 안에 이집트가 도발할 정도의 능력을 갖출 것으로 보고 1953년 10월 '3개년 방위 계획'을 세워 국방군의 대대적인 재편과 군비확장에 착수했다. 1952년에는 전체 예산의 23%가 국방비였지만, 1956년에는 34.9%로 확대될 정도였다. 당시에는 국산장비 개발은 시기상조였지만, 기관단총 정도는 가능했다.[02] 이스라엘은 체코제 기관단총을 기본으로 그동안의 경험을 더해 최초의 국산 공산품인 우지$_{Uzi}$를 개발하여 전 세계적으로 유명한 베스트셀러로 만들었다. 정확하게 말하면 1951년 설계가 완성되고 이스라엘군의 제식 기관단총으로 정식 채용되면서 1954년부터 양산이 시작되었다. 우지 기관단총은 기갑부대 장병들에게도 대거 지급되었다. 잡다했던 라이플도 벨기에로부터 FN 소총의 생산면허를 얻어 적어도 현역병은 표준화하는데 성공했다.

1953년 이스라엘 국방군 참모총장직에 오른 다얀은 대대적인 군 개혁을 단행하여 젊고 공격적인 장교들을 파격적으로 고위 지휘관에 임명했다. 또한 기갑부대와 공수부대 등 공격성이 강한 부대들을 강화해 나가는 반면, 행정과 지원부대 등은 축소하였다. 이렇게 지휘체계와 부대 편제가 더 발전했고, 많은 장비를 도입했다. 여성까지 징병하는 이스라엘 특유의 의무병역제는 물론이고, 전역 후에도 예비역으로 편성되어 일상생활을 하다가 일정기간 훈련을 받

---

02   이스라엘과 비슷한 처지에 있었던 1939년의 핀란드도 여러 나라에서 들어온 잡다한 장비를 사용했다고 했는데, 수오미 기관단총만은 자체 개발했고, 훌륭한 전과를 거두었다. 자세한 내용을 알고 싶은 독자들께서는 졸저《2차 대전의 마이너리그》를 참조하시기 바란다.

고 전시에는 동원되는 스위스_Swiss_ 식 동원체제도 완비됐다. 개량능력은 이스라엘 기갑부대의 강화되어 민병 조직적 색채가 짙었던 군이 완전한 정규군으로 변모했다. 이스라엘 특유의 여성 징병과 동원예비군 제도가 완비된 것도 이 시기였다. 이로써 현역 상비군은 5만 5천 명, 그중 육군은 4만 5천 명인데, 예비역 10만 명이 즉각 동원이 가능할 수준에 이르렀다. 물론 예외가 없는 것은 아니었다. 1954년 벤 구리온 총리는 유대교 초정통파 소속의 젊은 율법학자 400명은 병역 대상자 중 예외로 한다는 법률에 서명했기 때문이다. 이들이 현재 이스라엘의 골칫거리가 된 하레디_Haredi_의 원조가 된다.

또한 이민 온 병사들의 실전경험이 전무하다는 것도 큰 문제였는데, 이 문제는 아이러니하게도 아랍 쪽에서 해결해주었다. 특히 팔레스티나 게릴라들의 기습 공격은 곧바로 이스라엘 군의 보복을 받았고, 이런 과정에서 많은 실전 경험을 쌓을 수 있었던 것이다. 참고로 7년 동안 이스라엘 쪽의 희생자는 군과 민간인을 합쳐 1,300명에 달했다. 물론 아랍 쪽의 희생자는 훨씬 더 많았겠지만 정확한 숫자는 알 수 없다. 이스라엘군은 120명의 침입자들을 물도 주지 않고 사막에 방치해 말라죽게 한 적도 있었다.

여기서 제7기갑여단을 비롯한 기계화 부대를 살펴보자. 독립전쟁이 끝난 후 프랑스와 이탈리아에서 폐품이 된 셔먼 전차 100여 대를 입수해 재생에 나섰다. 1911년 형 독일제 크루프_Krupp_ 75㎜ 야포를 손에 넣어 재생한 전차의 주포로 삼았는데, 1950년에는 제7기갑여단도 이 전차가 주력이었다. 1951년에도 유럽 각지와 필리핀에서 수백 대의 폐품 셔먼을 사들였는데, 이번에는 다행히 영국에서 M10구축전차의 주포인 76㎜ 전차포와 브라우닝 기관총을 정식으로 수입할 수 있어, 그것들을 전차에 달 수 있었다. 1953년 이스라엘 국방부는 모든 기갑부대를 관리하는 기갑총감부를 창설하였다. 전차부대원들은 엘리트로서 대접받았고, 원거리에 적을 격파할 수 있도록 맹렬한 사격훈련을 받았다. 이스라엘군의 전차병들이 이집트군에 비해 열 배나 많은 포격 연습을 했다는 것이 좋은 증거이다. 그러나 전차 자체가 시대에 뒤쳐졌다는 것은 부인하기 어려웠다. 그래서 이스라엘은 미국으로부터 M47전차를 수입하려 했지만 실패했고, 주력 전차를 제공하려는 나라는 없었다.

이런 이유로 1955년까지 이스라엘 기갑총감부가 가진 것은 셔먼과 자체 개량한 슈퍼 셔먼 전차 200여대 그리고 기계화 보병의 발인 하프트랙 약 500대, M10 울버린wolverine과 M7 프리스트Priest 등 잡다한 60문의 구축전차와 자주포가 전부였다. 기갑총감은 공군에서 다시 이적한 라즈코프가 맡고 있었다. 이에 비해 이집트는 영국제 센츄리언Centurion 전차 100대와 셔먼 200대, 발렌타인Valentine 전차 수십대 외에도 그리고 경전차이긴 하지만 화력과 기동력이 우수하고 참신한 요동 포탑을 장비한 프랑스 제 AMX-13 수십대를 보유하고 있었다. 거기에다 막 소련에서 T34/85 주력전차와 IS3 중전차와 SU100과 SU152자주포 등 소련제 전차들을 2백 대 이상 들여오고 있었다. 그들의 전차는 600대에 달해 절대 우위에 있었다.

이때 프랑스가 구세주로 나섰는데, 당시의 프랑스 국방장관이 바로 비르 하케임 전투에서 유대인 부대의 용전을 옆에서 지켜보았던 쾨니그 장군이었던 것이다. 그는 자신의 권한을 최대한 발휘하여 이스라엘에 무기를 공급해 주었다.[03] 물론 단순히 쾨니그 장군과의 개인적인 인연 때문만은 아니고 아랍 세력이 알제라 독립을

---

03   이 때문에 예루살렘과 하이파의 거리에 쾨니그 장군의 이름이 붙었다. 당시 이스라엘의 교섭 책임자는 시몬 페레즈였다.

M50 슈퍼셔먼

지원하고 있었기에 이를 견제하기 위함이기도 했다. 이집트에 팔아막었던 AMX-13 100대 외에 AMX-13 전차의 포탑을 들어내고, 30구경 105㎜ 유탄포를 탑재한 MK61자주포 약 60대, 그리고 60대의 셔먼전차와 150대의 하프트랙을 합쳐 약 370여 대를 제공하였다. 이 장갑차량들은 1956년 7월의 어느 날 하이파 항에 도착했는데, 제7기갑여단이 직접 이 양륙 작업을 맡았다. 당시 참모총장이던 다얀은 훗날 자신의 자서전에서 이런 협력관계를 '프렌치 커넥션'이라고 불렀다. 프랑스는 심지어 이스라엘의 핵무기 개발에도 기초적인 기술을 제공했을 정도였다.

이스라엘 군은 주포를 AMX-13과 같은 프랑스제 CN75-50[04]으로 바꾸고 기존의 가솔린 엔진을 디젤기관으로 교체하고, 이에 맞추어 서스펜션도 바꾼 M50 '슈퍼셔먼'으로 개조했던 것이다. 누리꾼들이 흔히 '마개조'라고 부르는 이런 놀라운 개량능력은 이스라

04   프랑스는 2차 대전 직후, 독일의 판터Panther 전차를 상당량 운영하였는데, 판터의 75㎜ 70구경장 주포를 개량한 것이다.

MK61자주포

엘 기갑부대의 특징이자 강점 중 하나였다. 독립전쟁이 시작되기 전, 즉 팔레스타나 내전이 한참일 때, 국부 벤 구리온은 이런 말을 한 적이 있었다.

> "사실 우리는 가진 게 없고, 싸우려는 의지와 잠재력이 있을 뿐이다. 그러나 우리가 먼저 알아야 할 것은 구두를 만들려는 자는 먼저 구두를 수선하는 법부터 배워야 한다는 겸손함이 필요하다."

하지만 1950년대 초반만 해도 이스라엘 육군은 전술교리를 완전히 확립하지 못하고 있었다. 조금 단순화하면 '기계화 보병파'와 '전차파'로 나뉘어져 있었다고 보아야 할 것이다. 기계화 보병파의 대표는 2대 참모총장에 오른 이갈 야딘Igal Yadin과 3대 참모총장인 모세 다얀 장군이었다.

기계화 보병파의 주장은 독립전쟁 때의 경험을 살려 반궤도 장갑차에 탑승한 보병을 주력으로 전차와 야포의 화력지원으로 적 진지를 돌파하자는 것이 골자였다. 그들에게도 전차는 필수불가결한 존재였지만 대규모적인 전차운영은 비경제적으로 보았던 것이다.

전차파의 대표는 라즈코프와 아사프 시모니Asaf Simoni 남부군 사령관 이었다. 이들은 미래 전쟁에서 전차가 전술적으로 가장 가치가 있는 병기이므로 기계화 보병의 지원이 아니라 집중적이고 대대적인 운용으로 적의 방어선을 돌파하고 요충지를 장악해야 한다는 논리였다. 참고로 이스라엘 군은 육해공군 삼군을 통합하고, 전략적 여건상 시리아와 레바논 방면을 맡는 북부군 사령부, 요르단 쪽을 맡는 중부군 사령부, 이집트 즉 시나이 방면을 맡는 남부군 사령부로 나뉘어 운영한다.

하지만 아무래도 '기계화 보병파' 쪽에 요직에 오른 인물들이 많았으므로 힘은 그 쪽으로 쏠렸다. 하지만 전차파에게 역전의 기회가 주어졌다. 1952년, 이스라엘군은 '청색군'과 '녹색군'으로 나누어 대규모 훈련을 실시했다. 제7기갑여단은 적군 역할을 맡은 청색군에 소속되었는데, 부여단장 우리 벤 아리 중령은 눈부신 지휘를 보여주었다. 그는 상급부대에서 만든 전술 계획을 무시하고 여단을 130km 배후에 있는 녹색군의 배후로 몰아쳐 보급을 차단했던 것이다. 이렇게 원래 계획은 엉망이 되었고 원래 승자로 '예정되어 있던' 녹색군은 패하고 말았다. 당황한 야딘 장군이 전령을 보낸 다음에야 여단의 진격은 멈추었다. 훈련이 끝난 후, 장군은 작전지도에 붉은 선으로 여단의 진격로를 그렸다고 한다.

놀랍게도 벤 아리 중령의 나이는 27세였다. 그의 본명은 하인츠 베너였는데. 이름에서 알 수 있듯이 독일 출신으로 베를린 태생이었다. 조부는 독일 황제의 근위 기병대 장
교였고, 아버지는 1차 대전 때 참전하여 철
십자 훈장까지 받았지만, 다하우_{Dachau} 수용
소에서 희생되고 말았다. 다른 가족도 독
일군 장교와 결혼한 이모만 제외하고는
모두 나치에게 희생되었는데, 아이러니하
게도 구데리안을 비롯한 독일 장군들의
전격전 이론을 누구보다도 열심히 공부했

우리 벤 아리

다고 한다. 그는 키부츠에게 교육을 받고 입대하였는데, 앞서 언급
한 예루살렘의 산 시몬 전투 참가 외에도 네게브에서 빛나는 전공
을 거둔 경력이 있었다. 이 훈련 이후에도 '기계화 보병파'와 '전차
파'의 대립은 그치지 않았고, 결국 1955년 제7기갑여단은 갑자기 해
체되는 날벼락을 맞았다.

이런 대립도 있었지만 이는 건전하고 창조적인 대립이었다. 앞
서 영국군의 교리에 별다른 영향을 받지 않았다고 했듯이 이스라
엘군은 특정 선진국 군대의 교리에 지배를 받지 않았다. 물론 독일
국방군의 임무형 지휘와 전격전에 강한 영향을 받기는 했지만, 지
배라는 표현을 쓰기는 어렵다. 이에 비해 이집트 육군은 1950년 중
반까지 영국군을 모방했지만, 그조차도 어설펐다. 그런데 그들이
배운 영국군의 전술은 1941년과 1942년 롬멜에 유린당했던 '사령부
가 전선에서 멀리 떨어져 지휘하는 방식에'서 크게 벗어나지 않은
것이었다. 게다가 소련과의 관계가 밀접해지면서 소련식 전술이
유입되면서 더 엉망이 되었는데, 다얀은 이를 간파해냈다.

나세르의 집권과 수에즈 운하 분쟁

1954년 4월, 권력의 정상에 오른 나세르는 수에즈 운하의 국유화와 아랍연합창설로 대표되는 아랍민족주의정책과 비동맹 외교를 강력하게 추진하였다. 1955년부터는 소련제 무기가 대거 수입되면서 주로 영국제 무기로 무장했던 이집트 군의 색깔이 크게 달라졌다. 이렇게 정세가 급박해지자 이스라엘군 수뇌부는 벤 아리를 불러 여단을 재건하도록 하였고, 그는 1955년 10월부터 여단장을 맡아 이 부대를 이스라엘군 유일의 정규 기갑여단으로 변신시켰다. 팔마흐 출신인 벤 아리는 1차 중동전 당시 남부 전선에서 눈부신 무훈을 세웠기에 시나이 전선을 맡을 최적임자이기도 했다.

1956년 7월, 나세르는 영국군 마지막 부대가 이집트에서 철수한 지 한 달 만에 전격적으로 수에즈 운하를 국유화하고 거기서 생기는 수입으로 아스완$_{Aswān}$ 댐 공사를 시작하겠다고 선언했다. 이는 지금까지 운하 운영을 주도해온 영국과 프랑스에게는 선전포고나 다름없었다. 영국 총리 앤서니 이든$_{Anthony\ Eden}$은 바로 응징을 결심했다. 한 달 전까지만 해도 자신들의 군대가 주둔했고 한 세대 전에는 완전히 식민지였던 나라에게 그렇게 빨리 이런 식의 도전을 받았다는 사실은 기울기는 했어도 완전히 무너지지는 않은 대영제국으로서 정말 자존심 상하는 일이었다. 문제를 군사적으로 해결하려는 영국 정부의 강경한 태도는 제국이 기울고 있는 시점에서 영국인들의 미묘한 심리적 반응을 나타낸 것이기도 했다.

프랑스는 영국과 같은 입장은 아니었지만 나세르 응징에는 동의했다. 나세르가 프랑스 식민지인 알제리 민족해방전선을 지원하여 크게 비위를 건드린 탓이었다. 영국과 프랑스는 이집트로부터 늘 위협받는 이스라엘을 끌어들였다. 동맹국이 없는 이스라엘에게 천군만마와 같았다. 3국은 비밀 회담에서 전반적인 이집트 침공 전쟁계획을 세웠다. 국제적 여론을 의식한 그들은 전략적으로 전쟁을 두 단계로 나누어 수행하자 약속했다. 제1단계는 이스라엘이 시나이반도를 침공하고 적절한 순간에 영국과 프랑스가 전쟁에 끼어든다는 것이었다. 제2단계에서 영국과 프랑스는 이집트와 이스라엘 양국에게 즉각적인 정전을 요구한 후 나세르가 거절하면 이를 구실삼아 수에즈 운하를 점령하는 시나리오를 준비했다.

이스라엘은 이에 응할 수밖에 없었고, 전쟁준비를 서둘렀다. 당시 제7기갑여단은 50대의 셔먼 전차를 장비한 제82전차대대와 50대의 AMX-13 경전차를 장비한 제9경전차대대, 그리고 하프트랙을 장비한 제52기갑보병대대를 예하에 두고 있었다. 이스라엘 육군 여단 중에서 두 개의 전차대대를 보유한 여단은 제7기갑여단이 유일했다. 예비역들이 여단에 보충되었는데, 구체적으로 말하면 제61기계화보병대대, 지프차와 하프트랙을 장비한 정찰대대, 그리고 견인식인 영국제 25파운드로 무장한 포병대대였다.

이번 전쟁에서 주목해야 할 부분은 이스라엘군이 최초로 사단급 제대를 편성했다는 사실이다. 이전까지 이스라엘 육군은 여단이 최고 전술 단위였지만 이때부터는 전시가 되면 그때부터 우그다_{Ugda}라고 불리는 임시 사단을 편성해 전쟁에 임하기 시작했기 때문이다. 즉 우그다는 우리나라로 보면 군단 개념이라 할 수 있는데, 앞으로 편의상 우그다를 사단으로 호칭하도록 하겠다. 제38과 제77 두 개의 사단이 편성되었는데, 제7기갑여단은 제4, 10여단, 제37기계화보병여단과 함께 제38사단 소속이 되어 시나이반도의 중앙을 돌파하는 임무를 맡았다. 제77사단은 제27기갑여단, 제1골라니 여단, 제11여단으로 편성되었는데, 사단장은 라즈코프가 맡고, 제27기갑여단장은 훗날 참모총장에 오르는 하임 바 레브_{Chaim Bar-Lev}였다. 이스라엘군은 아무리 고위직에 있었던 인물이라도 전시에는 사단장이나 지역 사령관, 여단장 등 '하위직'을 맡는 경우가 많은데, 이스라엘군만의 독특한 면모가 아닐 수 없다.

전쟁이 시작되다!!

1956년 10월 29일 저녁, 짧게 실시된 공습 후, 중부의 요충 미틀라_{Mitla} 고개에 아리엘 샤론 대령이 이끄는 제202공수여단이 낙하하면서 이스라엘군의 시나이 공격이 시작되었다. 이집트의 람세스_{Ramesses} 2세와 투트모세_{Thutmose} 3세, 아시리아의 에사르하돈_{Esarhaddon}, 마케도니아의 알렉산드로스 대왕 그리고 나폴레옹에 이르기까지 수많은 영웅들이 통과했던 시나이반도에 또 하나의 드라마가 쓰일 참이었다. 이스라엘의 공격 후 시나리오대로 이튿날 영국과 프랑스의 군사개입이 있을 예정이었다. 당시 이집트 군은 이스라엘군보다 우세했지만 시나이반도에 한정하면 그렇지도 않았다. 주력은 영국과 프랑스에 대비하여 운하지역과 본토에 있었고, 시나이 방어군도 대부분 중부 이북에 집중배치 되어 있었기 때문이다.

이집트의 시나이 방어군은 제3보병사단을 중심으로 팔레스티나로 구성된 부대 및 여러 독립부대들을 합쳐 약 3만 여명, 전차 300여대에 불과했다. 이에 비해 이스라엘군은 4만 5천여 명, 전차 400여대를 투입해 전력 면에서 확실한 우위에 있었다. 다만 이집트군은 소련의 영향을 받아 거점방어를 채택하여 튼튼한 방어거점들을 확보하고 있기는 했다. 문제는 유럽이 아닌 시나이 사막에 이런 거점이 효과적이냐 하는 것이었다. 사실 시나이 사막은 물 부족 등 상당한 환경적인 어려움은 있지만 대부분 통과가 가능한 지형이다.

어쨌든 이야기를 주인공 쪽으로 돌리면 제7기갑여단의 작전수행능력은 다른 부대보다 뛰어난 육군 최강의 전투부대였다. 하지만 여단은 선봉이 되지 못하고 국경선에서 40km나 떨어져 있는 나할 루스Nahal Ruth의 진지에서 대기하라는 명령을 받았다. 물론 이유는 있었다. 이스라엘 정부는 자신들의 공격을 팔레스타인인들의 군사조직인 페다옌Fedayan과의 전투 정도로 기만하여 이집트로 하여금 단순한 보복공격 정도로 여기게 할 계획이었던 것이다. 다음 날, 영국과 프랑스군이 개입하면 우세한 이집트 공군은 그쪽에 집중하게 될 것이고 그런 다음에야 제7기갑여단을 비롯한 주력부대를 동원해 본격적인 공격을 가할 예정이었던 것이다.

어쨌든 그런 정치적 이유는 알 바 아니었던 벤 아리 여단장은 다른 부대가 적진으로 진격하는 모습을 쳐다보기만 하다가 분통이 터져 실전을 총괄하는 남부군 사령부로 달려갔다. 그러지 않아도 다얀의 작전 계획에 불만이 많았던 시모니 남부군 사령관은 상부의 명령을 무시하고 여단의 작전 투입을 결심했다.

벤 아리 여단장은 지휘전차에 올라탔고, 아브라함 아단 중령이 지휘하는 제82전차대대가 여단의 선봉이 되어 전속력으로 진격하기 시작했다. 그들의 진격은 마치 우리에 가둔 호랑이가 튀어나온 듯 했다. 그리고 대대의 중대장 중 하나가 제82전차대대장을 거쳐 제7기갑여단장이 되는 사무엘 고넨이었다. 앞으로 두 인물을 주목해야 할 것이다.

아브라함 아단.
이 사진은 1973년에 촬영된 것이다.

슈무엘 고넨

사실 중동전을 통틀어 이스라엘군의 작전을 보면 최고지휘부의 의도에 반발하여 독단적으로 나가는 경우가 많다. 그것도 사단장, 여단장은 물론 대대장급 들조차 독단적인 행동을 하는 많았다. 젊은 군대여서 그런 경향이 더 강하기도 했고, 독일군의 임무형 지휘를 오리지널 이상으로 철저하게 관철했기 때문이기도 했다. 이스라엘군은 대대장에게 상당한 전술적 재량권을 준 것도 사실이었다. 너무 적은 인구와 영토, 자원밖에 없는 이스라엘 입장에서는 최대한 기동력을 살려 단기간에 전쟁을 끝내야 했으니 선택의 여지가 없었고, 어느 정도의 부작용은 감수해야 했던 것이다. 그 부작용 중 하나가 바로 이런 '명령 불복종' 이었고, 또 하나는 아주 높은 장교 사상률이었다. 하지만 이스라엘 군이 거둔 전과는 이를 상쇄하고도 한 참 남았다.

아단은 1차 목표인 쿠세이마Kusseima를 함락시키고 바로 북상하여 아부 아게이라Abu Ageila 에 이르렀다. 아부 아게이라를 함락시키기 위해서는 이스라엘로 가는 동쪽 길을 막고 있는 움 가타프Um Gataf와 움 시한Um Shihan 을 먼저 쳐야 했다. 하지만 두 거점은 참호, 도로 차단 장벽 등으로 요새화 되어 있었고, 수십 문의 야포와 대전차포가 잘 배치되어 화력도 막강했다.

다이카 협로 돌파와 미국의 개입으로 틀어지는 시나리오

30일 11시, 헬기를 타고 쿠세이마 전선을 시찰하고 있던 다얀은 국경선 안에 있어야 할 제7기갑여단을 목격하자 분노를 터뜨리면서 시모니와 벤 아리에게 욕설을 퍼부었다. 시모니 장군은 '움가타프 일대로 전진만 하고 공격은 하지 말라고 지시했다'라고 변명했지만, 다얀 역시 쌀이 밥이 된 상황을 인정하지 않을 수는 없었다. 하지만 움 가타프는 쉽게 함락되지 않았다. 이곳에 진을 친 이집트군 제6보병여단은 강력한 방어거점에서 완강하게 저항하여 전차 중대장과 하프트랙에 타고 있던 포병 연락장교가 전사했을 정도였다. 세 차례의 공격이 모두 실패하고 피해가 심해졌지만, 정찰대가 산악지대의 통로를 발견했다는 보고를 하자 아리 여단장은 상부의 허가를 받아 그곳으로 우회하기로 했다.

아단 중령이 지휘하는 전차부대는 다이카$_{Daika}$ 협로라고 불리는 4km의 험악한 길을 통과하기 시작했다. 이 길은 좁고 돌이 많았고 당연히 평탄하지 않았다. 아단은 전차만 전진시켰고 다른 차량은 뒤에 남겨두었다. 결국 하프트랙까지 통과하면서, 밤새워 실시된 이 강행군은 천신만고 끝에 성공했다. 아단의 전차부대는 아부 아게이라 남쪽의 개활지에 도착하자마자 아직 새벽잠이 깨지도 않은 이집트군을 향해 맹공을 퍼부었다. 1시간 동안의 격전이 끝난 아침 6시 30분, 진지는 함락되었고 아부 아게이라를 연결하는 교차로가 여단의 손에 장악되었다.

여단이 고군분투하고 있던 전날 저녁 6시에 영국과 프랑스는 시나리오대로 이집트와 이스라엘에 '최후통첩'을 보냈다. 물론 내용은 전투의 중지와 거부할 경우에는 두 나라 군대가 수에즈 운하에 진주하겠다는 것이었다. 그러나 일은 이상하게 꼬여갔다. 10월 29일, 이스라엘의 공격이 시작되자 드와이트 아이젠하워Dwight David Eisenhower 미국 대통령은 이스라엘에 정전을 요구함과 동시에 유엔 안전보장이사회를 개최하고 전투 중지를 유엔의 이름으로 요구할 예정이었다. 그러나 영국과 프랑스가 안전보장이사회 개최를 5시간 동안 연기해줄 것을 요청했고, 그동안 두 나라의 '최후통첩'이 발표되었던 것이다. 아이젠하워는 두 나라의 '배신'에 분노하여 두 나라의 '제국주의적 흉계'를 저지하라는 명령을 내렸다. 마침 헝가리Hungary 봉기로 궁지에 몰려있던 소련은 미국의 이런 행동에 반색하며 영국과 프랑스 공격에 동참하였다. 묘하게도 아랍 국가들의 반응이 더 느렸다.

상황이 묘하게 돌아가자 이스라엘은 난처해졌다. 하지만 국제적 상황이 어려워졌다면 군사적 목표라도 달성하기 위해 작전을 더 서둘러야 했다. 어차피 영국과 프랑스는 믿을 수 없었다. 불과 40년 전 일구삼언의 조약과 선언을 남발하던 자들이 아니었던가? 이스라엘군 진격은 빨라졌고 그 선봉에 제7기갑여단이 있었다.

아부 아게이라 교차로를 빼앗긴 이집트군은 당황했고 후방의 엘 아리쉬에서 몇 대의 전차와 영국제 아처 대전차 자주포의 지원을 받는 1개 대대를, 움 가타프 쪽에서 1개 대대를 차출해 실지회복에 나섰다. 움 시한에서는 포격을 해주며 이들을 지원했다. 하지만 유리한 지형을 차지한 아단 부대는 물러서지 않고 완강하게 맞섰다. 더구나 몸을 사리지 않은 저공비행을 하면서 지상군을 지원하는 공군의 활약이 더해져 3차례에 걸친 이집트 군의 공격을 모두 막아낼 수 있었다.

루아파 전투

아단 부대는 3일 동안 거의 쉬지 않고 싸웠지만 아단 중령은 부하들이 여전히 사기가 높았기에 그대로 기세를 살려 밀어붙일 생각이었다. 그의 다음 목표는 이집트 군이 난공불락이라고 자랑하던 루아파~Ruafa~ 포대였는데, 이 포대는 6문의 25파운드 야포와 대전차포, 무반동총을 보유하고 있어 전쟁 전부터 이스라엘군에게 큰 위협이 되는 존재였다. 부대원들은 피로한데다가 쉬지도 못했고, 아무런 보급도 받지 못했지만, 지휘관의 전투의지와 격려에 힘을 얻어 31일 해가 떨어지기 시작하자 루아파 포대에 대한 공격에 나섰다.

부대원들은 황혼 속에 시계가 극히 제한되었지만 대신 연기와 먼지의 '엄호'를 받을 수 있었다. 200m 앞에서 이집트군의 진지가 보이자, 아단 중령의 지휘차가 먼저 적진으로 뛰어들었다. 전차들이 불을 품으며 뒤를 따랐다. 이집트군의 저항도 맹렬했지만 제7기갑여단의 기세를 막아내지는 못했다. 여단의 전차 중 상당수는 포탄이 얼마 남지 않았기에 포탄을 다 소모하자 전차병들은 하차하여 보병처럼 경기관총과 소총, 기관단총, 수류탄으로 적진을 공격했다. 이런 맹공격에 결국 이집트군은 전의를 상실하고 진지를 포기하고 사방으로 도망쳤다. 인적 자원이 제한된 이스라엘군은 이런 일인다역이 요구되는 경우가 많았다.

이 전투가 시작과 거의 동시에 영국과 프랑스의 공군과 해군기들이 카이로와 알렉산드리아~Alexandria~ 등 이집트 주요 도시에 대한 공습을 시작했다.

이스라엘군은 전투에 승리했지만 기진맥진해 있었기에 전투가

진격하는 AMX-13 경전차 부대

끝나자마자 지프차의 전조등을 켜고 부상병을 모아 치료하고 재급유와 급탄을 시작했다. 말 그대로 무방비 상태였지만 이런 절호의 기회를 이집트군은 놓쳤고 한 박자 늦은 저녁 9시 반이 되어서야 반격을 시작했지만 37명의 전사자를 남기고 격퇴되고 말았다. 이 밤의 전투에서 아단 부대는 10명의 전사자와 30명의 부상자를 대가로 치러야 했다.

하지만 부대원들에게 휴식은 주어지지 않았다. 즉시 재편성이 이루어졌고 점령지의 관리 따위에 쓸 여유는 전혀 없었다. 특히 전차병들은 더 힘들었다. 대부분의 전차가 손상되었기에 밤새 정비 작업을 수행해야 했기 때문이었다. 결과는 놀라웠다. 3대를 제외한 모든 전차가 다음 날 아침에 작전이 가능하도록 만든 것이다. 이 후의 전쟁에서도 이스라엘 전차병과 정비병들은 이런 초인적인 힘과 기술을 계속 보여주게 된다. 독일 국방군과 이스라엘 국방군은 유사점이 많은데, 그중 하나가 야전에서의 수리능력이었다. 우수한 군대의 유지는 경제력만큼이나 장병들의 지적 수준과 기계에 대한 조작 등 사회적 기반이 중요하다. 이스라엘 군은 그 부분에서 전차에 대한 이해가 높았고, 공학적 접근이 치밀했기에 자신들에게 맞는 개조를 성공적으로 해낼 수 있었고, 전장에서 즉각적인 수리도 가능했던 것이다.

그동안 아단의 제82전차대대를 제외한 여단의 다른 부대들도 자신들의 목표를 향해 계속 진격하고 있었다. 물론 점령지 관리 등에 쓸 시간은 전혀 없었다. 공수부대가 점령한 미틀라 고개로 향한 부대는 중간에 있는 비르 하사나Bir Hasana를 31일 아침에 점령하였고 여단의 주력은 31일 정오에 제벨 리브니Jebel Libni 교차로를 점령하고 오후 4시에는 비르 함마Bir Hamma를 손에 넣었다. 이집트군의 저항은 거의 없었다. 간간히 이집트군의 T34/85 전차 부대가 반격했지만 이스라엘군이 프랑스제 75㎜ 장포신 전차포로 원거리에서 이들을 격파하자 이집트군 전차부대는 공황상태에 빠져 패주하고 말았다. 다만 대공신호기구의 고장으로 아군기의 오폭을 받아 약간의 손실을 입었다는 것이 옥의 티였다.

거기에다 11월 1일 정오, 나세르가 양면전쟁을 피하기 위해 시나이 반도 방어군에게 본토로의 철수를 명령하자 이집트 군은 더욱 무너져 내렸다. 그 때문에 제7기갑여단과 제27기갑여단을 비롯한 이스라엘군은 민간 차량까지 동원하여 서쪽으로 진격해 나갔다. 전투라기보다는 드라이브에 가까운 모습이었다. 하지만 바로 그날, 이 때 미국과 소련이 주도한 유엔에서 '즉각 정전'이 결의되었다. 이스라엘에게는 시간이 없었고 더 서둘러야 했다.

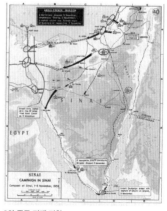

2차 중동 전쟁 전황
(출처 : Department of History, U.S. Military Academy)

눈부신 승리 그러나…

양쪽에서 공격을 받아 다급해진 이집트는 유엔의 정전결의를 받아들였지만, 이스라엘은 아바 에반 외무장관이 시간을 끄는 동안 시나이 반도 전체를 장악하기 위해 더 빨리 움직였다. 정확하게 말하면 팔레스타인 게릴라들의 거점인 가자 지구와 티란 해협의 입구를 막고 있는 반도의 최남단 샤름 엘 셰이크_{Sharm el-Sheikh}의 장악이었다. 11월 2일 새벽 5시, 제9기계화여단이 샤름 엘 셰이크로 진격했고, 가자 지구를 장악하기 위해 제11기계화보병여단이 투입되었다. 11월 3일까지 가자지구가, 11월 5일 새벽까지 샤름 엘 셰이크가 이스라엘군 손에 들어왔다.

한편, 진격에 진격을 거듭하던 제7기갑여단은 전투 막바지에 큰 오점을 찍고 말았다. 그런데 이 오점은 적군에게 당한 패배가 아니었다. 앞서 여단이 움 가타프를 함락시키지 못하고 우회했다고 했는데 대신 제37기계화보병여단과 제10여단이 공략을 맡았다. 하지만 이집트군의 반격 그리고 두 여단의 엉성한 협공으로 선두에 섰던 제37기계화보병여단장까지 전투 초반에 전사하면서 공격은 또다시 실패하고 말았다. 80여 명의 사상자가 나왔다. 그런데 시나이 방어군의 철수 명령이 떨어지자 11월 1일 저녁에 움 가타프 방어군이 철수했고 다음 날 이를 눈치 챈 제37기계화여단이 움 가타프를 통과해 아부 아게이라로 나아갔다. 이 때 제7기갑여단은 움 가타프 공격이 길어지자 협공하기 위해 전차 중대 하나를 움가타프 입구로 보냈는데 이들은 제37기계화여단을 철수하는 적군으로 오해하고 맹공을 퍼부었던 것이다. 불과 5분 만에 무려 8대의 전차가 파괴되고 수십 명의 사상자를 내는 참사가 빚어졌다. 그나마 정찰기 조종사의 노력으로 그 정도로 끝나기는 했지만 제37기계화여단은 일방적이었던 시나이 전투에서 가장 불운한 부대가 되었다.

어쨌든 여단의 주력은 11월 5일, 수에즈 운하에 도착했다. 그들의 눈에는 나세르가 침몰시킨 선박으로 폐쇄된 운하와 운하 건너편의 이스마일리아Ismailia가 눈에 들어왔다. 전투에 쓴 시간은 6일이었다. 하지만 국제정세는 점점 불리하게 돌아갔다.

영국과 프랑스의 공수부대 1,100명이 11월 5일 아침, 포트사이드Port Said에 낙하하여 운하 입구를 장악하였다. 잠시 동안의 정전이 이루어졌지만, 저녁이 되자 다시 전투가 벌어졌다. 다음 날에는 10만에 달하는 두 나라 연합군의 주력이 나일 강 삼각주에 상륙하면서 전쟁은 본격적으로 불이 붙는 듯 했다. 그러나 두 나라의 군사행동은 한 물간 제국주의자들의 불장난으로 비추어지면서 전 세계의 비난을 받았고 앞서 말했듯이 미국의 심기까지 건드렸다. 미국은 특히 같은 시기에 일어난 헝가리 봉기로 인해 소련을 궁지로 몰 수 있는 호기에 엉뚱한 짓을 저지른 두 나라에 대해 분노를 터뜨렸다. 설상가상으로 두 나라의 국내 여론조차도 이 원정에 대해 절대적인 지지와는 거리가 멀었고 소요까지 일어났다. 결국 두 나라는 11월 6일, 유엔 결의안을 받아들일 수밖에 없게 되었고 이스라엘을 버리기로 결정했다. 이 때 영국의 한 학자는 촌철살인을 내놓았다.

"겨우 하루 동안의 전쟁을 위해 거의 10만 명이 넘는
군대가 출병했다가 돌아오는 바보 같은 행위는
그 긴 전쟁사에서 전례가 없을 것이다."

이렇게 수에즈 전역에서 거둔 이스라엘군의 압도적인 승리는 헛수고가 되었다. 공식적으로 그들의 승리는 11월 8일, 유엔 회의장에서 뒤집혀 버렸다. 이스라엘의 소득이라고는 유엔평화유지군이 시나이에 주둔함으로써 완충지가 생겼다는 것과 티란_{Tiran} 해협의 자유통행권 뿐이었다. 이스라엘군은 유엔 결의안에 따라 유엔 평화유지군에게 시나이 반도를 넘겨주고, 1957년 3월까지 전 지역에서 철수했다. 이렇게 이스라엘은 여단장 급을 비롯한 100여명의 전사자와 700여 명의 부상자를 내고 얻은 시나이반도를 통째로 내주어야 했다. 피해만 비교해 본다면 영국과 프랑스가 전사자 32명과 부상자 129명을 내었고, 이집트는 3천 명 이상의 전사자와 7천 명이 넘는 부상자, 4천 명이 넘는 포로라는 인명피해를 입었다.

하지만 이집트는 수에즈 운하의 국유화에 성공하였고, 나세르는 아랍 세계와 제3세계의 명실상부한 리더로 떠올라 완벽에 가까운 정치적 승리를 거두었다. 이후 중동에서 영국과 프랑스는 과거의 영향력은 꿈도 꿀 수 없게 되었다. 물론 미국과 소련 두 초강대국이 그 자리를 차지했다. 이 후의 중동전에서 두 초강대국의 영향력은 거의 절대적인 존재가 된다. 이때만 해도 이스라엘과는 그다지 관계가 깊지 않았던 미국이 왜 지금은 절대적인 후원국이 되었을까?

물론 나세르의 친소 정책으로 인한 반작용이기도 하지만 이렇게 '뒤통수를 세게 맞은' 이스라엘과 유대인들이 대미 로비의 기반을 튼튼하게 구축해놓았기 때문이다. 또한 미국 역시 이집트와 이라크, 시리아 세 아랍 국가들이 비동맹 또는 친소 노선을 걷게 되자 소련과 국경을 접한 우방인 터키와 이란이 샌드위치 신세가 되었고, 자연스럽게 세 나라 배후에 있는 이스라엘을 우방으로 만들어 놓을 필요가 생겼기 때문이기도 했다. 이스라엘의 '족쇄'에서 풀려날 수 있는 날이 정말 미국이 세계 패권에서 손을 놓을 정도로 약체

화되지 않는 이상 오게 될지 의문이 들기도 하지만 이 이야기는 마지막에 다시 다루기로 하겠다.

어쩔 수 없이 철수했음에도 이스라엘이 얻은 것은 많았다. 우선 물질적인 면을 보면 스탈린 중전차 등 200대의 전차와 자주포 100대, 야포 300문, 비장갑차량 2,000대 등 엄청난 무기와 6천 톤이 넘는 탄약 그리고 200만 톤이 넘는 연료를 손에 넣었기 때문이다. 전리품 중 수십 대의 전차와 야포가 텔아비브 시내에 전시되어 전쟁에 이기고 많은 경제적 손실을 감수했음에도 얻은 것이 없다고 느끼는 이스라엘 국민들의 마음을 위로해주었다. 이것들에게는 '다얀의 선물'이라는 별명이 붙었고, 다얀은 국민적 영웅이 되었다. 노획된 스탈린 전차 등 일부 장비는 이스라엘군의 장비로 활용하기도 했지만, 자세한 내용은 알 수가 없다. 이런 직접적인 활용보다도 노획 무기들은 이스라엘군에게 엄청난 데이터를 제공해 주었다.

이스라엘군의 변신

이 전쟁 뒤 이스라엘군은 다시 한 번 변신했다. 전술적 차원에서도 많은 교훈은 얻은 덕이었다. 제7기갑여단의 과감한 돌진은 눈부신 전과를 거두었지만 냉정하게 보면 후방 지원은 충분하지 않았다. 특히 포병대는 견인포를 장비했기에 다이카 협곡 돌파에서 제때 화력 지원을 하지 못했고, 하프트랙에 장착된 81mm 박격포만이 예외적이지만 그 화력이 충분하지 못했음은 물론이다. 물론 공군의 지상 폭격이 있기는 했지만, 조종사와의 통신수단이 충분하지 않아 적절한 지원이 이루어지지 않은 경우도 적지 않았다. 또한 통

M50자주포

신장비 역시 2차 대전 당시의 것이었기에 먼 거리에서의 통신은 원
활하게 이루어지지 않았다는 사실도 밝혀졌다. 물론 제37기계화여
단과 제10여단의 협조되지 않은 공격도 타산지석이 되었다.

즉 전투의 승리는 이스라엘군이 잘하기도 했지만, 이집트군의
무능도 그에 못지않은 역할을 했다는 사실이 밝혀진 것이다. 따라
서 통신장비의 교체는 물론 하프트랙에 120㎜와 160㎜중박격포를
탑재한 자주박격포 등이 자체 개발되었다. 1963년에는 자국산 33구
경 155㎜유탄포를 올렸지만 전투실이 개방된 스타일의 M50자주
포를 제식화하여 370대를 배치하기에 이른다.

하지만 이런 물리적인 면보다 더 중요한 소득은 보이지 않는 데
있었다. 이 전쟁에서 이스라엘군은 영국과 프랑스의 도움을 거의
받지 않고서 최신 소련제 무기로 무장한 이집트군을 격파해 심리
적 우위를 공고히 한 것이다. 또한 전술 면에서는 전차중심주의로
의 대전환이 이뤄졌다. 인력이 부족한 이스라엘군이었기에 일인다
역 교육을 받았다. 전차병들은 조종수와 포수를 겸하도록 교육받

앉고, 보병 중대장들도 박격포를 운영할 수 있게 훈련받았다. 즉 노는 전차가 없게 만들었단 뜻이다. 전차 중대도 4대로 이루어진 3개 소대와 2대로 이루어진 본부를 합쳐 14대였던 것을, 중대장의 지휘가 더 기

이스라엘 기갑병과의 휘장

민해지도록 소대별 3대로 줄여 11대로 개편했다.

　장교 교육도 더욱 체계화되었다. 다얀 후임으로 1957년 참모총장에 오른 라즈코프는 정식 사관후보생 학교를 열었다. 주권국가들은 대부분 군대를 보유하고, 당연히 군대를 운영하는 장교단을 양성해야 한다. 장교 양성 제도는 크게 사관학교 제도와 병사들 중 지원자를 뽑아 교육하는 지원 선발 제도로 나뉜다. 세상일이 다 그렇듯 두 제도는 장단점을 모두 지닌다. 사관학교 제도는 군대에 열정을 가진 청년들에게 멋진 제복 등으로 자부심을 키워주고 충분한 고등교육을 제공한다는 장점이 있지만, 지휘관과 병사 들 간의 위화감이 조성될 확률이 높으며 군벌화의 우려가 적지 않다. 반면 지원 선발 제도는 장교들이 병사 생활을 해보았기에 상하 간의 신뢰도가 높을 수밖에 없다는 장점이 있다. 이스라엘군은 지원 선발 제도를 선택했고, 이 학교의 이름은 창설자인 라즈코프의 이름을 따 '라즈코프 학교'라고 명명되었다. 이에 비해 이집트는 안와르 사다트Mohamed Anwar Al Sadat가 집권하기 전까지는 특권층이 장군과 장교직을 독식하다시피 했기에 병사들과의 유대관계가 좋지 않았다.

제 7 기 갑 여 단 사

6일 전쟁의 신화

전차 중심주의로의 전환

이렇게 허무하게 수에즈 전쟁은 끝이 났고, 중동에 다시 평화가 찾아왔지만, 쌍방은 서로를 향해 겨눈 총을 내리지 않았다. 한쪽은 생존하기 위해, 그리고 한 쪽은 굴러들어온 돌을 뽑기 위해 다음 전쟁을 준비하고 있었다.

비록 막판의 오점은 있었지만 제7기갑여단이 보여준 놀라운 공격은 '기계화 보병파'의 마음을 180도 바꾸어 놓았다. 우선 다얀 장군이 나서서 전차 전문가 교육을 대폭 강화했다. 벤 아리는 1956년 기갑총감을 맡았고, 기계화 보병 여단을 지휘하던 다비드 엘라자르 대령과 이스라엘 탈 대령이 솔선해서 전차 전문가 교육을 받았다. 그들의 교관을 맡은 인물이 고넨이었다. 교육을 마친 엘라자르는 1958년에, 탈은 1959년에 연달아서 제7기갑여단장을 맡았다. 이렇게 앞으로 일어날 두 차례의 전쟁에서 활약할 기갑 지휘관들이 계속해서 배출되었던 것이다. 1961년에는 제82전차대대를 지휘했던 아브라함 아단이 여단장이 올랐고, 아브라함 만들러Avraham Albert Mandler가 부여단장을 맡았다. 1957년에는 기갑총감이 소

장급으로 승격되었고, 바 레브가 그
자리를 맡는다. 그는 새로운 기갑부
대를 창설하고, 전차전은 물론 산악
전과 야간전투에 새로운 전술을 도
입했다. 1961년에는 그사이에 소장
으로 승진한 엘라자르가 후임을 맡
아 당시 소련식 거점방어 전술을 적
극적으로 도입하고 있는 이집트군에
맞서 견고한 진지를 돌파할 수 있는
전술 훈련에 매진했다.

아브라함 만들러

　　제7기갑여단에는 'Home-Grown Commander'라는 전통이 있
는데 초급장교 시절부터 이 여단에서 경력을 쌓아온 장교가 나중
에 여단장으로 '금의환향' 하는 독특한 전통이다. 그 다음해인 1962
년에는 18세의 소년이 제82전차대대에 입대하는데, 그가 바로 아
비가도르 카할라니였다. 그는 병역 의무를 마치고 사회로 돌아오
지 않고 군에 '말뚝을 박기'로 결심하고는 장교후보생 학교에 입학
하고 과정을 마친 다음, 기갑학교를 수료하고 전차소대장이 되어
1963년에 제82전차대대로 돌아왔다. 훗날을 생각하면 아이러니한
일이지만 그의 아버지 모셰는 입대 당시 이렇게 말했다고 한다.

> *"나는 네 일에 가급적 간섭하고 싶지 않다. 그러나 한 가*
> *지는 꼭 부탁하는데, 전차병은 절대로 안 된다."*

　　그 이유는 수에즈 전쟁 당시 모셰는 공병대의 운전병이었는데,
파괴된 전차에서 검게 불탄 전차병의 시신을 꺼낸 적이 있었고, 그

칼만 마겐(왼쪽)

것이 트라우마가 되어서였다.

당시 제7기갑여단장은 헤르츨 샤피르Herzl Shapir 대령, 제82전차대대장은 칼만 마겐Kalman Magen 중령이었다. 두 사람 모두 주목할 만한 인물로 성장한다. 특히 카할라니는 마겐의 명령이라면 죽음을 무릅쓰고 돌격할 수 있다고 할 정도로 존경했다. 1965년 1월에는 하가나 출신의 슬로모 라하트Shlomo Lahat 가 여단장에 취임했는데, 군 경력보다는 20년 동안이나 텔 아비브 시장으로 재임한 사실로 더 유명하다.

이스라엘군의 기갑과 기계화보병여단은 6일 전쟁의 해인 1967년에는 11개까지 늘어났고, 전차도 800대까지 증강되어 1956년에 비하면 2배 이상의 규모에 이르렀다. 기갑총감도 소장급으로 승격되었다. 전차 중대 역시 전례를 반영하여 기존의 14대에서 11대로 축소되었다. 이런 소프트웨어 뿐 아니라 하드웨어 면에서도 기갑부대는 놀랍게 발전했다. 이스라엘의 셔먼과 AMX-13은 시나이 전

M51 셔먼

투에서 훌륭하게 자신의 실력을 보여주었지만, 소련이 이집트와 시리아에 100㎜주포를 장비한 최신예 T54/55를 공급하면서 새로운 전차가 반드시 필요해졌다. 그래서 미국에 M48 패튼ₚₐₜₜₒₙ 전차의 공급을 요청했지만, 만족스러운 답변을 얻지 못했다.

이 때문에 셔먼의 개량을 다시 한 번 진행하였다. 1960년대 초반 프랑스는 성형작약을 넣어 관통능력을 향상시킨 HEAT탄을 초속 1000m로 발사할 수 있는 6m 길이의 105㎜ 전차포를 개발했고, 여기에 주목한 이스라엘군은 이 포의 길이를 1.5m 정도, 초속을 800m 정도로 다운그레이드한 44구경 D1전차포를 만들어, 셔먼 전차에 장착했다. 아무래도 75㎜ 급의 전차포에 낮춰 설계된 셔먼의 포탑에 55구경 105㎜전차포를 그대로 장착하는 것은 무리였기 때문이었다. 또한 동력도 460마력을 내는 디젤 엔진로 바꾸고, 현가장치도 바꾸었다. 이 전차에는 M51이라고 정식 번호를 붙였지만, 일반적으로는 이스라엘의 이니셜을 딴 I-셔먼이라고 불렀다. I-셔먼 다음 주자인 센츄리온의 개량 그리고 멀리는 자국산 주력 전차의 개발에까지 영향을 미쳤고, 욤 키푸르 전쟁까지 맹활약한다.

센츄리온 전차의 도입과 이스라엘 탈의 등장

이 때 수에즈의 '루저' 영국이 이집트에도 팔았던 자국산 센츄리온 전차를 공급해 주겠다고 제의했다. 수에즈의 악몽이 남아있었지만 이스라엘 입장에서는 찬밥 더운밥 가릴 처지가 아니었다. 이리하여 60대를 먼저 도입하기로 하고, 1959년 6월, 14대의 센츄리온 Mk.5가, 60년 말까지 16대의 센츄리온 Mk.8이 도착했다. 도중에 개량이 이루어져 가격이 상승하여 남은 30대의 도입은 미뤄졌지만, 이스라엘은 포기하지 않았다. 결국 영국은 오히려 30대를 더한 60대를 1961년 말까지 이스라엘에 넘겼다. 센츄리온의 도입은 더 가속이 붙어 1964년까지 90대가 더 들어왔는데, 이스라엘군은 전차뿐 아니라 센츄리온에 달려있는 20파운드(83.4㎜)주포를 떼어내고 서방 주요국의 주력 전차포인 105㎜L7로 바꿀 수 있도록 전차포 업그레이드 키트 90세트까지 주문했다. 이스라엘은 이에 만족하지 않고 1963년, 700대가 넘는 센츄리온을 보유하고 있는 네덜란드로부터 70대를 도입했으며 105㎜전차포의 국내 생산 면허까지 획득했다.

이 전차는 이 글의 주인공 제7기갑여단의 제82전차대대에 처음으로 배치되었는데, 대대장이 바로 슈무엘 고넨이었다. 마침 여단장에 임명된 인물은 이제는 전차 마니아이자 전문가로 변신한 이스라엘 탈 대령이었다. 하지만 센츄리온에 대한 여단 전차병들의 첫 평가는 놀랍게도 아주 낮았다.

당연하지만 전차는 화력, 기동력, 방어력 3대 요소로 평가받는데, 이스라엘군 전차병들이 보기에 센츄리온은 화력과 기동력이 수준 이하였다. 우선 포인 20파운드 포가 문제였다. 이 포는 주택지나 경지 같은 인공지형이 많고, 숲과 언덕이 많은 유럽을 주전장으로 상정하고 만든 물건이라 1,000에서 1,200m정도가 최대 사정 거리였다. 사실 2차 대전에의 전훈도 그러했기 때문이었다. 하지만 광활한 사막이 주전장인 이스라엘 기갑부대의 주된 전술은 1,500m 이상의 원거리에서 적 전차를 격파하는 것이었기에 20파운드 포는 위력이 부족했다.

또한, 전설적인 전투기 무스탕과 스피드파이어의 엔진을 제작했던 롤스로이스의 가솔린 엔진도 문제가 많았다. 이 엔진도 유럽에서는 별다른 문제가 없었지만 구조가 간단한 미국제 엔진에 익숙하던 정비병들에게는 손이 많이 가는 물건이었고 사막의 모래와 열기 때문에 자주 고장을 일으켰던 것이다. 심지어 참모총장과 고관들이 참관하고 있는 공개훈련 중에 열기를 이기지 못하고 불길이 솟아오른 전차가 있을 정도였다. 사실 장갑도 주포와 엔진에 비해 낫다는 정도지 아주 만족할 만한 수준은 아니었다.

더구나 센츄리온의 엔진과 변속기를 완전히 정비하기 위해서는 5명의 정비병이 20시간 이상을 정비해야 했으니 문제는 아주 심각해졌다. 결국 센츄리온을 탄 제82전차대대의 전차병들은 다시 셔먼을 타고 싶다고 공개적으로 희망하기에 이르렀다! 이 무렵 즉 1964년 타리크라는 애칭으로 불리는 이스라엘 탈 장군이 기갑총감으로 임명되었다.

이런 센츄리온 비토 분위기에 기름을 붓는 사건이 1964년 11월 2

이스라엘 탈 장군

일에 벌어졌다. 당시 이스라엘은 남부 네게브Negev 사막에 갈릴리 호수의 물을 보내기 위해 송수관과 인공 하천 공사를 국가적 사업으로 시행하고 있었는데, 뒤늦게 이를 안 시리아가 방해하기 시작했다. 골란 고원에 포진한 시리아군이 낮은 지대에 있는 키부츠에서 작업하고 있는 트랙터에 포격을 가하자 이스라엘 기갑부대가 특유의 원거리 조준사격으로 반격에 나섰는데, 이 사건은 훗날 '트랙터 포격전'이라고 불리게 된다. 이스라엘의 전차는 주포를 105㎜로 바꾼 문제의 센츄리온이었다. 이에 비해 시리아 기갑부대의 전차는 2차 대전 중 독일군의 주력전차였던 고색창연한 4호 전차였다. 상대가 될 리 없는 '전투'였지만 결과는 '충격적'이었다. 양 쪽 다 별다른 피해는 없었지만 일설에 의하면 이스라엘 쪽이 쏜 89발의 전차포탄 중 명중탄이 한 발도 없었다고 한다. 사실 주포 자체의 문제가 아니라 사막의 모래와 먼지로 인해 정확한 조준이 어려웠기 때문이었다. '트랙터' 포격전이 유엔의 중재로 중단된 후, 현장을 방문한 탈 장군은 포격전의 책임자였던 샤마이 캬플란Shamai Kaplan 소령을 심하게 질책하였다. 그렇지만 그는 포격전이 일어나기 전 추위에 고생하는 부하들을 위해 아코디언을 켜고 노래를 불러 주었다고 한다. 잘잘못을 떠나 다른 나라 군대에서는 상상하기 어려운 장면이 아닐 수 없다. 이스라엘은 군사화 정도가 가장 높은 국가이지만, 군국주의의 대표였던 19세기 프로이센Preußen 과는 반대의 방식을 택했다. 프로이센은 국가와 사회를 군사화했지만, 이스라엘은 반대로 군을 민영화했기 때문이었다.

어쨌든 이 사건으로 센츄리온에 대한 전차병들의 신뢰는 바닥으로 떨어졌고 사기 역시 마찬가지였다. 하지만 센츄리온 외에는 대안이 없었던 이스라엘 군은 이렇게 수수방관할 수 없었다. 이때 탈 장군이 해결사로 나섰다. 그는 포격전의 실패에도 아랑곳 하지 않고 모든 센츄리온에 대해 105㎜주포 교환을 빠른 속도로 추진하는 동시에 현역과 예비역을 막론하고 모든 전차병들의 의식전환을 위한 재교육을 시작했다. 사실 이스라엘 입장에서는 100㎜ 주포를 장비한 T54/55에 대항하려면 105㎜전차포 외에는 대안이 없었다.

핵심은 센츄리온은 '셔먼과는 전혀 다른 신세대의 전차'라는 의식의 주입이었다. 대위급 이상을 대상으로 강연과 교육을 통해 전차병들과 정비병들은 자조적으로 '착실한 전차'라고 불렀던 센츄리온에 적응하기 시작했다. 이스라엘군은 높은 전투력과는 달리 경례나 복장 같은 겉치레에는 거의 신경을 쓰지 않는 군대였다. 일반 병사도 상관을 계급이나 보직으로 부르지 않고 애칭을 부를 정도였다. 신생 군대여서 그렇기도 하고 특유의 민주적 전통 때문이기도 한데, 대륙의 동쪽에서 불패신화를 쌓아 올린 베트남 인민군 역시 외관상으로는 군기가 빠져 보이고 상관과 격의 없는 '민주적 군대'였다는 공통점을 지니고 있었다. 하지만 탈 장군은 휘하의 기갑부대에게 강한 '군기'를 요구한 특이한 지휘관이었다. 그는 공수부대와는 달리 기갑부대는 기계적 정밀성이 요구되고 외면적인 군기까지 잘 잡혀있어야 정밀한 기계를 잘 다룰 수 있다는 신념을 가지고 있었기 때문이었다. 이런 그의 지휘하에 이스라엘 기갑부대는 더욱 가공할 전쟁기계로 변모하기 시작했다. 그의 별명은 너무나 어울리는 'Mr.Armor'였다. 그는 기존의 기갑학교를 이전하고 확장하여 모든 분야의 훈련을 전문화하는데 많은 노력을 기울였다.

물론 하드웨어 면의 개량 작업도 계속적으로 추진되어 엔진 구동계를 교환하여 사막에서의 적응도를 크게 높였으며, 발열을 방지하기 위한 공기조절창도 부착되었다. 주포의 교환은 물론 105㎜ 포탄을 70발 이상 탑재할 수 있도록 전투실도 완전히 바뀌었으며 방어력 면에서도 포탑 전면에 5cm 두께의 장갑이 추가되었다. 전차의 심장인 엔진도 기존의 영국제 650마력짜리 가솔린 엔진 대신 패튼에 탑재된 미국 컨티넨탈 사 제품인 AVDS 1790-2 750마력 공랭식 디젤엔진으로 교환되어 기동력도 크게 좋아졌지만, 전쟁 전까지 일부만 엔진 교환까지 마칠 수 있었다. 주포와 엔진을 바꾼 센츄리온을 히브리어로 채찍이란 뜻의 쇼트$_{sho}$'t 라고 불렀다. 어쨌든 이런 전차 엔진의 통합은 유지와 정비 면에서 큰 이점을 제공해 주었다.

센츄리온의 '쇼트'화에서 볼 수 있듯이 이스라엘군은 어떤 외국제 장비라도 철저하게 자국화 하였지만, 이집트군은 정반대였다. 이미 시나이 전쟁 때 이스라엘보다 훨씬 먼저 센츄리온을 도입했지만 이렇다 할 개량을 하지 않았고, 별다른 활약도 하지 못한 상태에서 소련제 전차에게 자리를 내어주고 사라지고 말았다. 그런데 소련제 전차도 전혀 '이집트화'하지 못했다는 것이 큰 문제였다. 사막전에는 불필요한 제설장비와 난방장치, 수륙양용기능은 있지만 냉방장치가 없었고, 모래 언덕을 밀어낼 불도저 전차도 없었던 것이다. 이런 차이는 전쟁의 승패를 결정하는 큰 원인이 되었다.

1965년 8월, 다시 시리아 국경에서 센츄리온의 두 번째 포격전이 벌어졌다. 시리아는 하천개수공사를 벌여 요르단강의 수원을 끊으려 했다. 당연히 이스라엘 쪽에서는 막아야 했고 이 때 센츄리온이

출동한 것이다. '물의 포격전'이라 불리운 이 '전투'에서 이번에는 센츄리온의 105㎜ 전차포가 맹활약을 보여주었다. 11㎞의 원거리에서는 공사용 차량을, 직접조준사격에서는 4㎞ 이상의 거리에서도 시리아 군 차량을 멋지게 격파한 것이다! 그런데 이 포격전에서 센츄리온과 105㎜ 전차포의 우수성을 증명하기 위해 탈 장군이 직접 포수로서 참전하여 두 번째 사격으로 4호 전차를 멋지게 격파했다는 믿기 어려운 이야기가 전해진다.

탈 장군은 조직 면에서도 개혁에 나서 임시 편성이었던 우그다 즉 사단을 일부나마 상설화하였다. 이것이 가능해진 이유는 통신 장비가 최신형으로 바뀌었기 때문이었다. 대표적인 부대가 남부군 사령부에 배속된 제84기갑사단이었는데 별명은 강철 사단 즉 Steel Division이었다. 하지만 강대국들의 사단처럼 완편된 것이 아니라 예하 부대 중 일부만 상설화하고, 나머지는 동원 부대로 채우는 방식으로 독일 국방군의 군단 편제와 유사한 형태였다.

패튼 전차와 AML90의 도입

지금까지 센츄리온에 대한 이야기를 했긴 하지만, 그렇다고 해서 패튼이 도입되지 않은 것은 아니었다. 내내 아랍 세계의 눈치를 보느라 패튼의 공급을 미뤄왔던 미국이 서독을 통해 이 전차를 공급해주기로 결정한 것이다. 서독은 과거의 원죄 때문에 이스라엘을 지원할 수밖에 없는 입장이었는데, 패튼 도입의 배경은 이러했다. 서독의 콘라드 아데나워Konrad Adenauer와 벤 구리온 이 두 늙은 국부는 1960년 3월, 뉴욕에서 만나 국교 수립을 원칙적으로 합의하였는데, 이 때 비밀협정 속에 서독이 배상의 일부를 전차는 물론 헬기와 잠수함, 수송기와 부품 등으로 갚는다는 내용도 포함되어 있었다.[01] 실제 업무는 다음 해 여름부터 진행되었고 실무를 맡은 인물은 당시 국방차관이었던 시몬 페레스였다. 이런 방식이나마 미국제 중장비를 갖추게 되었고, 이후 이스라엘군은 기존의 영국제, 프랑스제 위주에서 탈피하여 점점 미국제와 자국산 장비로 무장하게 된다. 앞서 이야기했지만 기존의 주력전차 셔먼은 미국에서 정식으로 수입된 물건이 아니었다.

물론 장비만 준다고 바로 전력화가 되는 것은 아니었기에 적응 훈련은 필요했다. 1964년 11월, 고넨 중령을 단장으로 카할라니를 비롯한 약 열 명의 장교가 서독으로 떠났다. 그들이 훈련을 받은 장소는 현대 기갑부대의 요람이라고 할 수 있는 뮌스터Münster[02] 였다. 그들은 훈련을 마치고 귀국했고, 그 사이에 M-48 패튼 전차 1개 대대 분, 40대가 들어왔다.[03]

그들의 훈련 성과는 좋았지만, 카이로 방송이 그들의 존재를 공개하면서 빛이 바래고 말았다. 사실을 따지면 미국은 요르단에도 250대의 패튼 전차를 공급 해주었기에 균형을 맞춘 셈이었다. 에슈콜 수상은 직접 하이파 항구까지 나가 패튼 전차의 양륙을 지켜

---

01   정식 국교는 1965년 5월에야 이루어진다. 서독은 전 세계의 유대인이 아닌 이스라엘이라는 국가에 배상금을 지불함으로써 홀로코스트로 희생된 유대인들은 대표한다는 이스라엘 공화국의 주장에 힘을 실어 준 셈이었다. 이는 두 나라 모두에게 '윈윈'이었다. 하지만 토니 주트를 비롯한 유대계 지식인들조차 이런 식의 단순화는 건강하지 못하다고 주장하고 있다.

02   1935년, 이곳에서 독일군의 기갑 훈련사단이 최고 지휘부의 관전 하에 실전을 방불케 하는 연습을 실시해 대규모로 기계화 부대를 실전에서 운영하다는 것이 가능함을 증명했다. 현재 지금도 독일 최대의 전차박물관이 이곳에 있다.

03   1960년 중반에 미국에서 직접 도입한 중요한 장비는 호크 대공미사일인데, 이는 방어용이라 패튼 전차와는 성격이 크게 달랐다. 하지만 이런 '방어용 무기'의 도입을 계기로 미국의 군사원조가 크게 증가한 것은 주목할 만하다.

보았다. 이 전차로 새로운 부대인 제79전차대대가 창설되었고, 제7기갑여단 소속이 되었다. 이렇게 여단은 센츄리온과 패튼을 혼합해서 장비하게 되었다. 이렇게 6일 전쟁 직전에 이스라엘 기갑부대는 200대의 패튼과 250대의 센츄리온, 200대의 슈퍼 셔먼과 150대의 AMX-13 경전차를 보유하고 있었다. 제7기갑여단장은 그사이에 대령으로 승진한 고넨이었다. 그는 능력과 별개로 이스라엘 장교답지 않은 지나치게 폭압적인 지휘로 군국주의자라는 위험한 평판까지 듣는 인물이었다.

패튼 전차와는 별도로 패튼 도입과 비슷한 시기에 프랑스에서 90㎜포를 장비한 장륜식 장갑차인 AML90 14대를 도입했는데, 장륜식 장갑차량을 선호하지 않는 이스라엘군에서는 이례적인 일이었다. 정찰용으로 구입한 것인데, 6일 전쟁 이후로는 더 이상 도입하지 않은 것으로 보아 그렇게 만족하지 못한 듯하다. 포병의 자주화도 현역 기갑부대에서는 거의 완성되었다.

전쟁 전의 외부 상황

제3차 중동전의 원초적 동기는 팔레스티나인들의 조직화와 시리아와 이스라엘 간의 빈번한 충돌에서 찾을 수 있다. 파타는 2차 중동 전쟁 직후에 탄생하였는데, 앞서 이야기했듯이 별다른 민족적 자각이 없었던 팔레스티나인들은 교육을 받으면서 정체성을 형성하기 시작했다. 그 지식인 가운데 하나였던 젊은 야세르 아라파트Yasser Arafat가 지도자로서 부상하면서 쿠웨이트에서 정복자라는 뜻의 알 파타Al Fatah를 결성하였다. 처음에는 순수한 정치조직이었지만 알제리의 민족해방운동이 거세지면서 그 영향을 받아 1959년부터는 군사적 성격을 띠기 시작했다. 이어서 1964년 5월 말 중동 각국에 흩어져 있던 팔레스티나인들이 동예루살렘에 모여 통합기구를 결성하기로 하고, 6월 2일에는 팔레스티나 해방 기구 즉 PLO의 창립을 선언했다. 이들은 1965년 1월부터 이스라엘에 대한 공격을 시작하였고, 이스라엘의 보복이 어김없이 이어지면서 사실상의 전쟁이 시작되었다. 6일 전쟁이 일어나기 전 3년 동안 그들이 이스라엘 국내에 침투하여 저지른 파괴 활동은 35회에 달했다.

또 1966년 2월부터 시리아의 권력을 장악한 바트_{Ba}'ath 당은 가장 강력한 반유대주의 및 반 서구주의적 색채를 띠고 있었는데, 바트 당의 수장 아민 하페즈_{Muhammad Amin al-Hafiz} 는 이스라엘에 대하여 강경정책을 선택했다. 앞서 이야기한 수원 싸움도 그 일환이었다. 하지만 바트 당은 권력 기반은 허약해 소련의 강력한 지원이 없이는 권력 유지가 어려웠다. 그래서 그들은 수도 다마스쿠스_{Damascus}를 근거지로 제공할 정도로 파타를 적극적으로 지원했다.

이렇게 되자 전면전이 언제 시작되느냐의 문제만 남았다. 사실 이런 상황은 아라파트가 의도한 바였지만 그는 한 가지 큰 오판을 했다. 바로 이스라엘 국방군의 전투능력에 대한 치명적인 과소평가였다!! 1967년 봄, 시리아는 골란 고원에서 이스라엘 특히 정착촌을 향한 포격을 더욱 강화하자, 이스라엘 역시 전투기를 동원하여 시리아의 미그기를 6대나 격추시키고 다마스쿠스 상공에서 위력 비행까지 감행하며 결코 물러서지 않는 모습을 보여주었다. 이스라엘이 시리아 국경에 병력을 집결시켜 침공준비를 한다는 정보가 이집트를 통해 소련에 들어갔고, 나세르 대통령 역시 가자 지구를 근거로 한 팔레스티나의 게릴라 활동을 적극 지원했다. 하지만 전면전에 대한 확고한 결의는 없는 상태였다. 이 때 요르단의 한 언론이 나세르의 아픈 곳을 정면으로 찌르는 기사를 썼다.

> *"아랍세계의 맹주라는 나세르는 평화유지군 뒤에 숨은*
> *비겁자일 뿐이다. 이스라엘 배들이 당당히 다비드의 별*
> *을 달고 티란 해협을 통과하고 있는데, 아무런 행동을*
> *하고 있지 않다!!"*

나세르에게 행동을 요구하는 여론이 들끓자 나세르는 5월 14일, 대병력을 시나이로 이동시키는 동시에 유엔에 시나이 평화유지군의 철수를 요구하였다. 18일까지 인도군과 유고슬라비아군이 주력을 이룬 평화유지군이 철수하였고, 아랍 민족주의의 열기는 더 높아졌다. 이때 에반 장관의 한 말이 걸작이다.

> *"비가 막 내리려는 순간에 우산을 치워버렸다. 소방대*
> *가 화재를 기다리다가 정작 불이 나니 끄지도 않고 도망*
> *가 버렸다. 그것도 비참할 정도로 신속하게……."*

서구열강들은 동정심을 표시했지만 물리적으로 개입할 생각은 전혀 없었다.

결국 22일, 나세르는 돌이킬 수 없는 선택 즉 티란 해협의 봉쇄를 공식 선언해버리고 말았다! 티란 해협이 봉쇄되면 이스라엘은 이란에서 석유를 수입할 수 없었다.[04] 알제리, 리비아, 수단, 쿠웨이

---

04   팔레비Pahlavi 국왕이 지배하던 이란은 지금과는 정반대로 미국과 이스라엘과 아주 친밀했고, 이스라엘에 석유를 충분히 공급해주었다.

트, 이라크, 사우디아라비아, 튀니지 등 아랍 각국이 전시체제에 들어가거나 병력을 파견하는 등 나세르에 대한 지원에 나섰다. 5월 30일에는 요르단의 후세인_{Hussein} 국왕이 카이로를 방문하여 상호방위 조약에 서명하여 요르단군을 '아랍연합군사령부' 산하에 두는 데 동의하였다. 이제 이스라엘은 이집트, 시리아, 요르단에 완벽하게 포위된 것이다!

하지만 이런 동맹은 20년 전처럼 사상누각에 가까웠다. 가장 강력한 군대를 가진 이집트는 아랍 세계의 맹주를 꿈꾸는 나세르의 허영심 탓에 최정예부대가 엉뚱하게도 내전 중인 예멘에 가 있었다. 훗날 사다트는 이 전쟁을 이집트군의 실전경험 축적에도 별 도움이 안 되면서 장군들의 사복을 채울 좋은 기회가 되었다고 회고했다. 여담이지만 나세르와 이집트의 당시 모습은 한 세대 전 무솔리니를 연상케 한다. 2차 대전 직전, 무솔리니는 로마제국 재현이라는 허영심에 빠져 에티오피아 정복과 스페인 내전에 지나친 힘을 썼고[05] 대전 시작 뒤에는 프랑스, 북아프리카, 동아프리카, 발칸, 러시아에 병력을 분산해 허세를 부리다가 정작 이탈리아 본토조차 못 지켰다. 그는 그런 전략적 방종의 대가로 목숨까지 내놓아야 했다. 시리아군은 이런 전력 분산을 요구받지는 않았지만 대신 그 전 해에 일어난 쿠데타의 후유증에 시달리고 있었다.

그러면 미국의 입장은 어땠을까? 모사드 국장 메이어 아밋_{Meir Amit}은 5월 말 워싱턴으로 가서 미국 국방장관 로버트 맥나마라_{Robert McNamara}를 만나, 전쟁을 해야 한다고 주장했다. 맥나마라는 이렇게 물었다.

---

05 묘하게도 무솔리니는 에티오피아에서, 나세르는 예멘에서 독가스를 사용했다.

"얼마나 걸리겠소?"

아밋은 일주일 정도 걸릴 것이라고 답했다. 다시 맥나마라가 사상자는 얼마나 나오겠냐고 묻자, 독립전쟁 당시 6천 명보다는 적을 것이라는 답이 나왔다. 맥나마라는 알겠다고 하였다. 사실상의 승낙이었다. 당시 이스라엘군에 대한 미군의 평가는 다음과 같았다.

> *교육수준이 뛰어나고 비교적 젊은 고위 장교단으로 구성되어 있으며 애국심과 동기부여가 뛰어나다. 많은 장교와 부사관이 이미 전투경험을 지니고 있다. 이스라엘군은 개별적인. 혹은 모든 아랍국가와 싸워도 이길 수 있으며, 강대국의 지상군과 붙는다 해도 적의 공격을 효과적으로 지연시킬 수 있을 것으로 본다.*

영국 정보기관의 평가도 대동소이했다.

전쟁 전의 내부 상황

이스라엘에게는 자력으로 이 포위망을 분쇄하는 것 외에는 다른 선택의 여지가 없었다. 티란 해협 봉쇄 다음 날인 5월 23일, 총 동원령이 내려졌고, 해외에 나가 있던 청년들이 거의 귀국했음은 물론 쉰 살이 넘은 노병들까지 지원하여 동원율은 100%를 넘겼다. 다만 귀국한 청년들 중 상당수는 늦게 귀국하여 승리에 숟가락만 얹었다는 비판도 적지 않았다는 사실도 언급해야 할 것이다.

그들 중에는 카할라니의 아버지 모셰 등 일반 병사들은 물론 지난 전쟁에서 맹활약한 벤 아리도 있었다. 1957년, 벤 아리는 부하의 불투명한 회계 문제를 눈감아 주었다는 이유로 기갑총감 자리를 내어놓고 조기 퇴역하여 출판업에 종사했다. 10년 만에 군으로 복귀한 그의 나이는 겨우 42세에 불과했다. 그는 전직에 '어울리지 않게' 동원기갑여단의 지휘를 맡았다. 짧은 시간이었지만 그는 여단원들을 강도 높게 훈련시켰다. 하지만 이런 상황은 이스라엘군에게는 자연스러운 것으로 앞으로도 이런 경우를 많이 보게 될 것이다. 국회의원이었던 다얀은 군에 복귀하여 남부군 사령부로 가서 제7기갑여단을 위시한 예하 부대들을 시찰하고 장병들을 격려하였다. 국민들의 사기가 크게 올랐고, 시위대는 집권 노동당 중앙 당사 앞으로 몰려가 다얀을 국방장관으로 임명하라고 외쳐댔다. 벤 구리온의 후계자인 에슈콜 총리는 전임자와는 달리 카리스마가 없는 타협형 지도자였다. 5월 28일 직접 나선 대국민 라디오 연설은 '정치적 재앙'이라는 평가가 나올 정도로 박력이라고는 전혀 찾아볼 수 없었다. 그 날 저녁 에슈콜은 라빈과 샤론을 비롯한 국방군 장성들과의 만남을 가졌는데, 어느 작가의 표현을 빌면 적대감과 담배 연기만 방을 가득 채운 분위기 속에 총리에 대한 독설과 항의만 난무했다고 한다. 참고로 바이츠만 초대 대통령의 조카 에제르 바이츠만Ezer Weizman이 국방군 작전부장이었다. 물론 온건파도 없지는 않았다. 외무장관 에반이 대표적인 인물이었는데, 그는 먼저 공격한다면 침략자로 낙인찍힐 것이고, 11년처럼 그대로 점령지를 내놓은 상황이 되지 않을까 두려워했다. 하지만 대세는 '전쟁'이었다.

6월 1일, 거국내각이 선포되면서 다얀이 국방장관에 임명되었고, 베긴도 무임소 장관에 임명되었다. 당연히 다얀은 실제 전투에는 나서지는 못했다. 빠른 속도로 작전계획이 확정되었고, 6월 4일 내각은 최종적으로 다음 날 새벽, 전쟁을 시작하기로 결정하였다.

그사이 시민들은 밀린 세금을 냈는데, 일부는 앞당겨 내거나 그냥 정부에 돈을 보내는 이들도 있었다. 군에 입대하지 않는 경찰들은 봉급의 10%를 반납했고, 랍비들도 군인들에 한해 안식일 의무를 유보시켰다. 또한 수천 리터의 혈액이 기부되었다. 이렇게 내부적으로 이스라엘은 완벽한 거국일치 체제를 이룬 듯 했지만, 전부 그런 것만은 아니었다. 주부들은 5월 23일 저녁 슈퍼마켓의 매대를 싹 비웠고, 일부지만 장사꾼들을 가격을 높여 한 몫 챙겼기 때문이다. 그러자 정부는 재고를 풀었고, 26일이 되어서야 판매는 정상적으로 이루어졌다.

여기서 시선을 제7기갑여단으로 돌려보자. 개전 며칠 전, 에슈콜 수상과 라빈 참모총장이 여단을 방문해 전투준비를 점검하고 부대원들을 격려하였다. 카할라니 중대장은 '우리는 명령만 받으면 용수철같이 웅크리고 있다가 전쟁터로 튀어 갈 것'이라고 대답했다. 제82기갑사단장 탈 장군은 휘하의 여단장과 작전참모 마겐 등이 모인 최종 브리핑에서 부하들에게 이런 말을 남겼다.

"이 전투를 이기면 총공세의 정신을 이어갈 것이고 지면 쓰라린 영혼의 패배를 경험할 것이다. 국가의 존망이 오늘 우리 손에 달려 있다……. 죽는 한이 있어도 이 전투는 이겨야 한다. 다른 길은 없다. 몇 명이 죽든 우리 모두는 끝까지 돌격할 것이다. 멈추거나 물러서선 안 된다. 오직 공격과 진격만 있을 뿐이다!"

이런 명령을 받아서인지 고넨 여단장은 아주 무뚝뚝하고 호전적인 어조로 휘하 장교들에게 이렇게 명령했다.

> "탄약이 모두 떨어질 때까지 적에게 사격을 퍼부어라.
> 아무도 살려 보내서는 안 된다. 전차로 적을 깔아뭉개
> 라. 주저하지 마라! 너희가 살고 싶다면 그들을 싹 쓸어
> 버려야 돼. 그들은 우리의 적이야. 그들은 훈련장에 서
> 있는 표적이 아니다. 그들을 먼저 쏘지 않으면 그들이
> 너희를 먼저 쏠 것이다! 그들은 우리 이스라엘인들을 증
> 오하는 놈들이야. 우리는 이집트로 쳐들어가서 벌써 한
> 방 먹였어야 했어! 지금이야말로 역사적인 순간이다. 그
> 들을 단호하게 처단해 버려라!" [06]

신화로 남은 전쟁이 시작되다!!

6월 5일 아침 7시, 이스라엘 공군은 전쟁 역사에 길이 남을 완벽한 기습에 성공하여 사실상 이집트와 시리아 공군을 궤멸시켰다. 다음은 이스라엘 육군의 차례였다. 우선 삼면의 적 중 가장 강력한 적인 이집트를 가장 먼저 제압하기 위해 500여 대의 전차를 보유한 3개 기갑사단을 시나이 반도에 집중시켰고 남부 사령관 예사야후 가비쉬Yeshayahu Gavish 소장이 지휘봉을 잡았다. 가비쉬는 팔마흐 출신으로 독립전쟁 당시에는 다리에 중상을 입었고, 시나이 전쟁 때

---

06   《전사의 길》99쪽

에는 작전부장으로 싸웠던 경력이 있는 인물이었지만, 겨우 42세에 불과했다. 이스라엘 탈이 자신이 직접 만든 제84기갑사단을, 남부사령관을 지내다가 퇴역하여 54세에 현역에 복귀한 아브라함 요페Avraham Yoffe가 주로 동원예비군으로 구성된 제31기갑사단, 샤론 장군이 제38기갑사단을 맡았는데 이 사단은 저번 전쟁에서 활약한 사단의 단대호인 '38'을 물려받은 것이다. 규모는 큰 차이가 나지만 26년 전 바르바로사Barbarossa 작전 당시의 세 집단군을 연상하게 한다. 다만 이 3개 사단은 북부에 집중되었고, 중부와 남부에는 1개 여단과 2개 대대가 견제와 기만을 위해 배치되었는데, 이를 위해 풍선으로 만든 가짜 전차가 대거 '배치'되었다. 이 유령 부대는 '제9사단'이라 명명되었다.

'Mr. Armor' 탈은 최전방 야전 지휘관으로 복귀하여 기갑총감으로 5년 이상 있으면서 자신이 이룬 성과를 직접 보여주려 했다. 이렇게 보면 탈 장군은 스스로 교리와 부대를 만들고 직접 지휘까지 한 구데리안과 비슷하다고 해도 좋을 것이다. 부사단장은 헤르츨 샤피르였고, 아단은 제31기갑사단의 부사단장을 맡았다.

제7기갑여단은 다시 한 번 시나이 정복을 위해 선봉에 나섰는데, 제79전차대대는 90㎜주포를 단 패튼 전차 66대를, 제82전차대대는 개량된 센츄리온 58대를 장비하고 있었다. 그 외에 제9경전차대대를 개편한 제9기계화보병대대와 지프와 하프트랙을 장비한 정찰 중대 그리고 M50 자주포를 장비한 포병대대도 있었다. 제60기갑여단은 같은 사단에 배속되었지만 M51슈퍼셔먼 52대와 AMX-13 경전차 34대를 장비하고 있어 질과 양에서 제7기갑여단과는 비교할 수 없는 전력이었다. 또한, 기계화된 데다가 105㎜주포로 교환한 패튼 전차 18대로 구성된 전차부대를 배속 받은 제202공수여단, 제

215포병연대, 특수대대가 같은 사단에 배속되었다. 제202공수여단 장은 앞서 예루살렘 전투에 참가했던 라파엘 '라풀' 대령이었다. 이렇게 3개 사단 중 가장 많은 228대의 전차를 보유한 제84기갑사단은 시나이 반도 북부를 제압하는 임무를 맡았는데, 가장 강한 전력에 어울리게 가장 중요한 임무를 부여받았다.

사단은 시나이반도 북부의 제압을 맡았는데, 정확하게 말하면 시나이의 행정중심이자 교통 요충인 라파Rafah 일대였다. 이미 파라오 시대부터 촌락이 있었던 라파는 참호와 토치카, 철조망, 포병 탄막으로 철저하게 요새화되어 있었다. 탈 장군은 선봉에 주력인 제7기갑여단을 앞세우고, 가자 지구와 라파 사이의 좁은 틈을 남쪽에서 뚫고 나가 칸 유니스Khan Yunis를 점령하여 적을 분단시킨다는 작전을 세웠다.

칸 유니스 - 라파 공방전

탈 사단은 8시 15분에 공격에 나섰다. 그 직전 선봉인 오리 오르Ori Orr가 지휘하는 정찰 중대의 머리 위로 전투기들이 지나갔고, 병사들은 가족들에게 엽서를 썼는데, 아들에게 보낸 엽서 중에는 네가 크면 전쟁은 없을 것이라는 내용이 많았다. 여군 행정병들이 눈물을 흘리면서 엽서를 모았다.

이스라엘군 역사상 최대의 포격이 퍼부어진 다음 강철 롤러를 단 지뢰제거 전차가 통로를 개척하고 지뢰 탐지봉을 든 지뢰제거반이 신속하게 지뢰를 제거했다. 바로 센츄리온과 패튼 전차부대가 진격하자 지뢰지대는 통과가 불가능하다고 믿었던 이집트군은 당황했지만, 물론 가만히 보고만 있지는 않고 대전차포를 쏘아댔다. 몇 명의 장교와 전차장들이 쓰러졌음에도 돌파에 성공했다. 이렇게 칸 유니스 점령에 성공한 탈 장군은 본격적인 라파 공략에 나서면서 간접적 접근을 시도했다. 제7기갑여단이 철도를 따라 동북쪽으로 견제하는 동안 제60기갑여단이 남쪽의 모래 언덕을 통과하여 강력한 라파의 방어진지 배후를 공격하는 작전을 세웠던 것이다.

이스라엘군은 도입한 전차의 캐터필러를 그대로 사용하지 않고 폭이 넓고 촘촘한 캐터필러로 교환하여 모래언덕을 넘을 수 있도록 개량했다. 이에 비해 이집트군의 주력인 T54/55는 싱글핀에 싱글블록이란 단순구조의 캐터필러여서 고속을 내면 궤도가 이탈되는 경우가 많아 전장유기의 한 원인이 되었다고 한다. 또한 캐터필러의 틈이 넓어 모래언덕을 넘을 수 없었다. 하지만 이런 개량에도 불구하고 제60기갑여단의 전차들은 모래언덕을 넘지 못했으니 하프트랙에 탄 공수부대원들은 이야기할 필요도 없었다. 그들은 어미를 잃은 오리 떼처럼 우왕좌왕 했고, 하프트랙에 올라 현장에서 지휘하던 탈 장군조차 상황을 장악하지 못했고, 무려 2개 전차대대들이 24시간 동안 행방불명이 되었다.

이렇게 되자 원래 조공이었던 제7기갑여단이 과감하게 적진지의 중앙을 강행돌파하기 시작했다. 6일 전쟁에서 가장 격렬했던 '라파 전투'가 본격적으로 시작된 것이다. 여단의 전차병들은 특유의 원거리 사격으로 적을 제압하고 전차를 돌진시켰다. 오리 오르 중대장도 앞장서 진격하다가 하프트랙이 지뢰를 밟고 뒤집히고 말았다. 하지만 다행히 큰 부상 없이 빠져나와 다른 전차에 탈 수 있었다. 이왕 이렇게 되었다면 더 밀어붙여야 사상자도 줄일 수 있는 법이다. 여단은 칸 유니스를 돌파하고 라파의 측면으로 돌진했다. 전차부대의 돌진이 워낙 순간적이고 일방적이어서 후속부대가 다시 한 번 돌파를 시도해야 할 정도였다.

어쨌든 돌파에 성공하여 라파 교차로에 이른 고넨 여단장은 센츄리온 대대에게는 라파의 요새지대에 정면으로 맞서게 하고 패튼 전차 내내에게는 해안의 모래언덕을 넘어 후방에서 공격하게 하였다. 이집트군도 강하게 맞섰지만 이미 기선을 제압당하고 너무나 무모할 정도로 돌진하는 여단의 전차들에게 압도당하고 말았다. 라파의 방어선을 돌파한 여단은 뒤이어 오는 기계화 부대에게 라파의 소탕을 맡기고 바로 남쪽의 셰이크 주웨이드_{Sheik Zuweid}로 진격하기 시작했다.

엘 아리쉬로의 진격

제7기갑여단은 엘 아리쉬로 가는 두 번째 관문인 셰이크 주웨이드를 지키는 이집트 군 제7사단과 정면으로 충돌했는데 정찰대로서 앞장서 달려가던 AMX-13 경전차 부대가 100㎜포를 장비한 T55전차와 85㎜주포를 단 T34와 첫 전투를 벌였다. 장갑과 화력에서는 상대가 안 되었지만, 경전차들은 기동력을 살려 75㎜주포의 사정거리로 적을 끌어들이며 분투했다. 2시간 남짓 버텨내자 센츄리온과 패튼 전차부대가 도착했다. 센츄리온은 정면을 치고 기동성이 좋은 패튼은 북쪽의 모래언덕을 뚫고 또 하나의 패튼 부대는 남쪽을 치며 세 갈래로 맹렬한 공격을 가했다. 여기에 공군의 지상 공격까지 가세하자 이집트군은 거의 궤멸되었다. 하지만 이집트의 전차와 스나이퍼 소련제 대전차 미사일 때문에 입은 손실도 적지는 않았다. 이 때 패튼 전차에 타고 있었던 아비가도르 카할라니 중위도 이집트 군에게 당하고 말았다. 그는 죽음은 면했지만, 중화상을 입고 일 년 이상 병원 신세를 지면서 늘 엎드려 지내야 했다. 하지만 그의 직속상관인 제79전차대대장 예후드 엘라드Ehud Elad 는 선두 전차에서 몸을 내밀고 지휘하다가 머리가 날아가 전사했으니 운이 좋은 편이었다. 어쩌면 이 시련은 다음 전쟁에서 진정한 영웅이 되기 위한 과정이었을 지도 모른다.

연이어 이스라엘 공군이 이집트군의 셰이크 주웨이드 지원을 저지하자 셰이크 주웨이드는 세 번째 공격 만에 여단의 손에 들어왔다. 여단은 쉬지 않고 그대로 5일 해가 질 무렵에는 엘 아리쉬El Arish 동쪽 8㎞에 있는 제라디Jeradi 까지 치고 들어갔다. 폭이 10㎞가 넘고 깊이가 3㎞가 넘는 제라디 요새는 시나이에서 가장 강력하다는 평을 듣고 있었고 특히 도로가 통과가 어려운 모래언덕을 뚫어 만들었기 때문에 확보하지 않으면 진격하는 기갑부대가 고립될 수밖에 없었다. 그래서 이집트 군은 기갑부대를 그대로 통과시키고 후속부대를 저지하여 이스라엘군의 진격을 막으려했다. 이런 사정을 알 리 없는 센츄리온 대대는 그대로 엘 아리쉬로 전진했지만 후속부대는 이집트군에게 저지되었다. 일설에 의하면 이스라엘 전차부대가 통과 할 때 이집트군은 상황을 모르고 공사에 열중하고 있었으며 전차장이 포탑에서 나와 인사까지 했지만, 멀뚱멀뚱 쳐다보기만 했다고 한다. 잠시 후에야 이집트 병사들은 상황을 파악하고 경악했다. 하지만 전차는 이미 모래 먼지 속으로 사라지고 말았다.

라파에서 의외의 보고를 들은 탈 장군은 제215포병연대에게 제라디 요새를 포격하게 하고 전차대대와 기계화 보병 대대를 하나씩 동원하여 요새를 측면에서 공격하게 하였다. 그러나 그날 밤 자정, 탈은 전차대대의 돌파는 성공했지만 요새는 여전히 이집트군에 손에 있다는 보고를 받았다. 이렇게 되면 2개 전차대대가 고립된 셈이었다! 더구나 전차대대장 엘라드 중령이 전사하고 10여 대의 전차를 잃었다는 비보까지 전해졌다.

탈은 한밤중이지만 전 부대를 동원하여 총공격에 나섰다. 센츄리온과 패튼을 횡대로 배치하여 맹공을 가하고 기계화 보병들은 곡괭이로 지뢰를 하나하나 파내며 전진하였다. 이때 이집트 제4기갑사단의 전차들이 이스라엘군의 좌측을 공격했다. 사실 이집트군의 전차는 적외선 암시장치가 있었고 이스라엘 전차들은 탐조등에 의지해야 했지만, 적의 포화 불빛을 목표로 사격을 했다. 그럼에도 이스라엘군은 1대만 잃고 이집트 쪽은 9대를 잃었다. 보병들은 수류탄을 벙커 안에 던지고 우지 기관단총을 난사하며 전차부대 못지않은 돌격을 감행하여 적진을 유린했다. 수 시간의 격전 끝에 요새는 함락되었다. 날이 밝자 양군의 전차부대는 정면충돌했지만 갈고 닦은 장거리 포격술을 유감없이 발휘한데다가 공군의 지원까지 받은 이스라엘군의 압승으로 끝났다. 80대의 전차를 잃은 이집트군은 비르 기프가파_{Bir Gifgafah}로 후퇴했다. 이렇게 제7기갑여단은 엘 알리쉬를 점령했고 이집트군 1개 여단을 궤멸시켰다. 6월 6일, 여단은 수송기가 투하한 보급물자를 받아가며 진격을 계속했다.

라파에서 엘 아리쉬로 이어지는 이 전투는 '기갑정신'과 '전차로 가한 충격'이라는 존 풀러_{John Frederick Charles Fuller}의 이념을 가장 잘 구현한 전투로 일컬어지는데, 4년 후 이스라엘 군에서 발행하는 기갑전문지의 주제로 다루어져 많은 토론이 이루어졌다. '전차는 지상전의 제왕'이라는 의견과 정반대로 '달리는 철제관'이라는 상반된 의견이 올라왔다고 한다. 어쨌든 이 전투는 전차 지상주의를 더 굳히게 만들었고, 이런 기갑돌격은 이스라엘 육군의 정신이 된다.

하지만 세월이 지나 이 전투가 철저하게 분석되면서 압승을 거두기는 했지만 결코 전사의 걸작은 아니라는 반론도 강력하게 대두되었다. 우선 35명의 지휘관과 전차장이 전사하여 이러한 강행돌파는 비싼 대가를 치른다는 사실이 증명되었기 때문이다. 이스라엘 기갑부대는 사막의 기갑전 승리를 위해 필수적인 초탄 명중을 위해 지휘관이 넓은 시야를 확보할 필요가 있었다. 그래서 포탑 위에 상체를 드러내고 지휘하는 경우가 많았는데 이로 인해 많은 장교들이 희생되었다. 엘라드 중령이 대표적인 경우였다. 그러면 시신은 '당연히' 전차 안으로 떨어지기 마련이고, 이런 참혹한 광경을 볼 수밖에 없는 전차병들은 엄청난 트라우마에 시달리기 마련이다. 15년 후에 레바논에서 일어난 전쟁을 묘사한 《바시르와 왈츠》에서 이런 장면이 묘사되어 있다. 그럼에도 이스라엘군에는 이런 말이 여전히 유행했다.

"포탑 위에 몸을 드러내는 자가 영예를 얻는다!"

또한, 이스라엘군의 정보와는 달리 라파 일대의 이집트군은 2류 부대였으며, 이미 이집트 공군이 격파된 다음이라 공군의 지원을 받았다면 더 쉽게 승리했을 것이라는 의견이 설득력을 얻고 있다고 한다.

어쨌든 이런 논란은 나중의 일이고, 다음 날 아침 여단은 비행장까지 손에 넣었다. 이 비행장은 공군에게 최고의 선물이었고 이에 보답하듯이 다음 날에 이스라엘 공군기들이 이집트가 만든 이 비행장에서 이륙하여 이집트 육군을 유린했다. 탈 장군은 사단 지휘소를 엘 알리쉬로 이동시키고 병사들에게 휴식 시간을 주었다. 이렇게 1단계 작전 목표는 완전히 달성되었다. 금상첨화로 엘 알리쉬 점령은 계획보다 16시간이나 빨랐기에 투입될 예정이었던 제55공수여단의 투입은 불필요해졌으며 그 부대는 예루살렘 시가전에 투입되었다.

수에즈 운하에 도달하다!

6월 6일 아침, 탈 장군은 제7과 제60기갑여단을 남동쪽의 비르 라판_{Bir Lahfan}으로 진격시키고 나머지 부대는 수에즈 운하로 직진시켰다. 두 여단은 이집트 군의 스탈린 중전차 대대와 충돌했지만 4대가 원거리 사격으로 격파되자 비르 라판으로 도주했다. 비르 라판을 지키는 이집트군은 시나이반도의 중앙을 맡은 요페 장군의 기갑사단에 의해 퇴로가 차단된 상태였다. 제7기갑여단은 3,000m가 넘는 원거리에서 정확한 사격을 가하여 16문의 지하화된 대전차포와 6대의 스탈린 중전차를 격파해 기선을 제압했다. 다시 전처럼 센츄리온을 정면으로 돌진시키고 패튼 전차부대를 동쪽 구릉으로 밀어 올렸다. 연전연패로 사기가 저하된 이집트군은 패닉 상태에 빠져 2시간 만에 무너져 내렸다. 놀랍게도 제7기갑여단을 비롯한 탈 사단 전체는 단 하나의 병사와 전차도 잃지 않았다. 이제 수에즈 운하까지 뚫려있는 잘 포장되었고 중간에 교차로 하나 없는 150㎞의 도로가 그들의 손에 들어온 것이다!! 황혼 무렵 여단의 선봉은 도중에 나타난 몇 대의 이집트 전차를 격파하면서 엘 아리쉬

서남쪽의 리브니Libni 산에 이르렀다. 탈 사단장은 24시간 이상 급유 시간을 제외하면 쉴 새 없이 싸운 부하들에게 잠시 휴식을 주었는데, 이때 남부군 사령관 가비쉬 장군이 헬기를 타고 사단장 옆에 내렸다. 그리고 이렇게 외쳤다.

"이집트군 최고 사령부가 시나이 주둔군에게 2선 후퇴를 명령했다. 우린 바로 추격해야 한다!"

여단 장병들은 서쪽으로 전속력으로 진격했다. 11년 전 이상의 대단한 속도였다. 도중에 있는 비르 함마에서 Su-100 자주포의 지원을 받는 이집트 제3보병사단의 한 여단과 부딪혔지만 간단한 전투로 제압하고 카트미아Khatmia 협로를 돌파하여 비르 기프가파로 진격해나갔다. 그곳에는 이미 엘 아리쉬에서 싸워 이긴 적이 있는 이집트 제4기갑사단이 있었다. 진격 중에 폭격을 받기도 하고 Mig-21 4대의 공습을 받기도 했지만 별다른 피해는 없었다. 여단은 AMX-13 경전차 대대를 먼저 보내어 비르 기프가파 건너편 도로를 차단하여 운하 쪽에서 올지도 모르는 이집트의 증원군을 저지하도록 하였다. 여단은 다시 센츄리온을 정면으로 돌진시키고 패튼 전차 부대를 우회시키는 전술로 맹공격을 가했다. 비르 기프가파의 제4기갑사단은 이집트 최정예 부대 중 하나였지만 비르 라판의 이집트군과 별 다를 바 없었다. 여단의 전차 10여 대가 파괴되거나 손상되었지만 역시 2시간 만에 제4기갑사단은 붕괴하고 말았다. 이제 운하까지는 60㎞에 불과했다. 뒤의 지면에서 다루겠지만 그 유명한 '통곡의 벽'이 있는 성전산이 중부군의 손에 들어왔다는 소식이 가비쉬 장군의 귀에 들어왔다. 물론 그의 마음은 환희에 가득 찼지만, 마음 한구석은 편하지만은 않았고, 이런 말을 나오고 말았다.

"젠장, 이제 영광은 저쪽이 다 차지하겠군!"

나중 이야기지만 그는 시나이 전선에서의 영광도 탈과 샤론에게 다 빼앗기고 '잊혀진 장군'이 되고 만다.

전쟁 나흘째인 6월 8일, 시나이 전역은 막바지에 접어들었다. 그 사이에 중앙을 맡은 요페 사단과 남쪽을 맡은 샤론 사단도 훌륭하게 목표를 달성하여 이집트군의 주력은 거의 소멸되었다. 이제 소탕전과 수에즈 운하로의 진격만 남은 셈이었다. 12시 경에는 제7기갑여단의 전차가 수에즈 운하에 도착했다. 이집트 전차부대는 모래언덕에 포탑만 내놓고 포격을 하며 저지하려 했지만 고넨 대령은 다시 돌진과 우회를 병행하는 전술로 그들을 박살냈다. 여단이 잃은 전차는 5대였지만 이집트군이 잃은 전차는 50대가 넘었다. 되로 주고 말로 받는다는 사실을 알게 된 이집트군은 포격을 멈추었다.

여단은 11년 전처럼 다시 운하 건너편의 이스마일리아를 보게 되었지만 세상에 공짜는 없었다. 그 직전에 '트랙터 포격전'의 '패배자' 샤마이 카플란 소령을 잃고 말았기 때문이다. 다얀 국방장관은 운하에 발을 담그는 행동을 금지시켰다. 휴전이 앞당겨질 수 있다고 보았기 때문이었다. 그러나 요셉 '요시' 벤 하난_{Yosef 'Yossi' Ben-Hanan}이라는 젊은 여단 작전장교는 노획한 AK돌격소총을 들고 아예 운하에 몸을 담갔다. 그의 사진은 〈라이프〉지의 표지를 장식했다.

고넨 대령은 전사한 부하의 전투모를 움켜잡고 수에즈 운하를 바라보며 눈물을 흘렸다. 이를 바라보던 영국의 한 종군기자가 이런 엄청난 승리를 거두었는데 기뻐하지 않고 눈물만 흘리느냐고 묻자 그의 대답은 이러했다.

요시 벤 하난

"우리는 이런 승리를 위해 큰 대가를 치렀습니다. 70명의 아이들…… 그들은 가장 우수한 장병들이었습니다!"

그러자 영국기자는 참지 못하고 바로 반문했다.

"그렇지만, 당신들은 수백 대의 전차를 박살내고 수천 명의 이집트군을 쓰러뜨리지 않았습니까?"

하지만 대령은 그의 말을 듣고 있지 않았다. 그의 입에서는 나온 말은 이 말 뿐이었다.

"70명의 아이들!"

어찌 보면 얄미울 정도의 '이기적인 모습'이지만 이런 자세 덕분에 세계 최강이라는 이스라엘 군의 면모가 유지되는 것이 아닐까 싶다.

이스라엘의 대승리와 후폭풍

6일 전쟁, 정확히 말하면 나흘 만에 이집트군은 완전히 궤멸되었다. 나세르조차 1만 명의 병사와 1천 5백 명의 장교가 전사하고 80%의 장비를 상실했다고 국회에 보고할 정도였다. 이스라엘의 승리는 시나이 전선에만 그치지 않았다. 요르단과 시리아 방면에서도 대승리를 거두었던 것이다. 이 책의 주인공은 제7기갑여단이므로 두 전선에 대해 자세히 살펴 볼 수는 없지만, 여단 출신 인물들의 활약에 대해서는 몇 가지 짚고 넘어갈 필요가 있을 것이다.

우선 중부군 전선 즉 요르단 전선을 살펴보면, 이 전역의 하이라이트는 예루살렘 점령이었다. 이 전투의 주역은 엘 아리쉬에 투입될 예정이었던 제55공수여단이었지만, 이 성공은 제7기갑여단장 출신 벤 아리 대령이 지휘하는 제10동원기갑여단이 요르단강 서안 북부 제압에 혁혁한 공을 세웠기 때문에 가능했다. 벤 아리가 맡은 지역은 산악지형이어서 11년 전 시나이 사막처럼 질풍 같은 공격은 불가능했지만, 부대를 넷으로 나눠 공격하는 특이한 전술을 사용하여 작전을 성공시킨 것이다. 또한 1차 중동전쟁 당시 큰 피해를 입고도 차지하지 못했던 라트룬이 이스라엘의 손에 들어왔다는 것도 주목해야 할 사건이라 할 것이다.

북부전선에서도 요충지이자 요르단강의 수원이기도 한 골란 고원이 점령되었고, 이 위업을 달성한 북부군의 사령관 역시 여단장 출신의 엘라자르 소장이었고, 골라니 여단과 함께 맹활약한 제8동원기갑여단의 지휘관 역시 제7기갑여단 부여단장 출신인 만들러 대령이었다. 이렇게 시나이 반도와 요르단강 서안지역, 골란 고원 그리고 성도 예루살렘의 구시가가 이스라엘의 손에 들어왔다. 또한 20억 달러 상당에 해당될 정도로 엄청난 양의 노획 장비는 '이스라엘 군사력 증가의 일대 계기'가 되었을 정도였다. 이에 비해 그들이 치른 대가는 전투기 26대와 전차 86대, 그리고 전사자 800명, 부상자 2,563명이 전부였다. 포로는 15명이 나왔다. 민간인 사망자는 15명, 부상자는 약 500명이 발생했다. 하지만 다른 각도에서 보면 이 손실은 결코 적은 것이 아니었다. 미국 인구로 비례하면 거의 8만 명의 전사자가 나온 셈이니 말이다. 참고로 베트남전 10년 동안 미군의 전사자는 6만 명에 미치지 못했다. 그럼에도 대승리임에는 확실했고, 필자가 보기에 이스라엘의 이 대승리는 1940년 5월 독일의 서방 전격전, 1975년 베트남의 호찌민 전역과 더불어 현대전의 3대 '압승'이 아닐까 싶다. 또한 인류 전쟁사상 가장 짧은 시간에 끝난 전쟁 중 하나이기도 하다. 그리고 묘하게도 저번 전쟁에서 쓴 시간과 마찬가지로 6일이었다.

6월 10일, 아침 소련은 전투가 중지되지 않으면 직접 개입하겠다고 백악관에 경고했다. 백악관은 지중해의 제6함대에게 소련의 움직임에 대비하라는 명령을 내리는 한편, 이스라엘에게는 전투를 중지하라고 '권유'했다. 이스라엘은 이를 받아들이지 않을 수 없었지만 이미 얻을 것은 모두 얻은 상황이었다.

6일 전쟁의 대승으로 그러지 않아도 강했던 이스라엘 국내에서 국방군의 입지는 더욱 탄탄해졌다. 세계적인 군사학자 마르틴 반 크레펠드_{Martin van Creveld}[07]는 이렇게 평가했을 정도였다.

"이스라엘 사회에서 군대와 전쟁은 아주 독특한 가치와

---

07   크레펠드 본인이 유대계이기도 하다. 《이스라엘-팔레스티나 분쟁의 이미지와 현실》53쪽 참조

지위를 누리고 있다. 이와 견줄 수는 있는 예는 1871년
에서 1945년까지 독일에서 군대가 누렸던 지위뿐이다."

아랍과의 이해와 공존을 주장했던 지식인들도 거의 침묵하였고, 이스라엘 사회 전체의 우경화가 뚜렷해졌다.

제3차 중동전쟁으로 가자지역, 성지중의 성지인 에루살렘 구시가, 요르단강 서안지역, 골란 고원, 시나이반도를 합쳐 총 8만 6000㎢의 땅이 이스라엘의 점령지가 되었다. 이 점령지는 이스라엘 독립 초기 영토의 8배에 달했는데 이로써 이스라엘은 그 전과는 비교할 수 없을 정도의 안전지대를 확보하게 된 것이다. 고넨이 전쟁 직후 아들에게 쓴 편지가 당시 이스라엘인들의 감정을 대변한다. 그 내용은 다음과 같았다.

"앞으로 너는 전투하지 않아도 될 것이라고 생각한다.
너의 아버지가 이번에 그것을 끝내버린 것이다.
영원히 끝내버렸다."

거의 같은 시간에 다얀은 '아랍인들의 전화를 기다리고 있다'라고 선언했다. 사실 이스라엘 정부는 시나이 반도와 골란 고원의 '대부분'을 반환하는 대신 평화조약을 맺으려 했다. 하지만 요르단강 서안과 동예루살렘은 협상 테이블에 올릴 생각이 없었다. 포로교환에도 응하지 않았을 정도로 아랍의 반응은 정반대였다. 이집트군 포로는 약 5000명, 시리아군은 365명, 요르단군은 550명이었다.

나세르는 패전에 대한 책임을 지고 사임을 발표했으나, 이집트 대중 및 아랍세계의 동정으로 사퇴는 번복되었다. 대신 거의 천 명에 달하는 장교들이 옷을 벗었고, 총사령관 압델 하킴 아메르Abdel Hakim Amer 원수는 전쟁 직후 체포된 다음 자살을 강요당했다. 사실 이집트 군의 중요한 패인 중 하나는 장군과 장교들의 지나친 특권이었다. 전쟁 중 다얀 국방사의 딸 야엘Yael이 종군기자로 참가했는데, 이집트 군의 장교 막사에 들어섰을 때 가죽장화와 고급 천으로 만들고 깨끗하게 세탁된 장교복이 걸려있었지만, 사병 막사에는 천이 터진 운동화와 낡은 전투복이 걸려있었다고 증언했다. 식당의 차이도 컸는데, 장교 식당에는 미처 챙기지 못한 고기와 고급 식품들이 가득했지만, 사병 식당에는 신문지로 싼 묵은 빵만이 나왔다고 한다. 참고로 사다트는 아메르가 예멘 전쟁에서 한몫 챙겼다는 내용의 회상을 남겼다. 이렇게 희생양을 내놓았음에도 워낙 대참패였기에 아랍세계의 맹주라는 이집트의 이미지는 크게 추락할 수밖에 없었고, 아랍의 대의와 나세르의 리더십은 큰 상처를 입었다. 전쟁의 패배는 수에즈 운하를 사용할 수 없게 만들었고, 당연히 이집트의 사회와 경제는 혼란으로 치닫게 되었다. 나세르의 대외정책은 더 친소련으로 기울어지게 된다.

전쟁 직후인 1967년 8월 29일, 수단Sudan의 하르툼Khartoum에서 개최된 아랍정상회담에서 아랍연합에 의한 대이스라엘 견제를 결의했으며, 이스라엘과는 협상도 인정도 없으며, 평화를 구하지도 않는다는 소위 '삼무정책'으로 구체화 되었다. 또한 아랍 측의 대패는 자성을 촉구했으며, 아랍인들은 단결만이 살아남을 수 있는 길이라는 생각을 가지게 되었다. 패전한 이집트, 시리아, 요르단에 대한 산유국들의 경제지원도 실행되었다. 그토록 강인한 이스라엘인들도 이런 아랍인들의 결의에 불안감을 감출 수 없었다.

이 전쟁에서의 경이적인 승리는 거의 지구 반대편에 있는 초강대국을 사로잡는 효과를 가져왔다. 바로 그 당시 베트남에서 고전하던 미국이었다. 더구나 서방의 무기로 소련제 무기로 무장한 아랍군을 궤멸시켰다는 사실은 더욱 이런 분위기를 가열시켰다. CIA 국장 리처드 헬름스_{Richard Helms} 는 소련이 이집트를 우방으로 삼은 것은 쿠바 미사일 사태 후 가장 어리석은 것이라고 흐뭇해했다.

문제는 이런 분위기가 정권 최상층만의 전유물이 아니었다는 것이다. 《6일 전쟁》의 저자 제러미 보엔_{Jeremy Bowen} 의 표현은 이러했다.

"미국은 이 강하고 젊은 동맹국과 사랑에 빠졌다!"

머리는 좋지만 허약하고 창백한 유대인의 이미지는 〈라이프지〉의 표지처럼 열사의 태양 볕에 그을린 이스라엘군의 젊은 병사들이 보여준 패기에 의해 완전히 사라졌다.

이후 미국의 군사장비 중 가장 새로운 것들이 이스라엘에 유무상으로 제공되었다. 이는 미국 군수산업체에게도 큰 이익이었다. 중동은 최신무기의 테스트베드였고, 잘 훈련된 이스라엘군은 그 무기로 최고의 전과를 거둘 것이기에, 이는 그들의 마케팅에 큰 도움이 될 수밖에 없었기 때문이었다. 더구나 대량으로 노획한 소련의 무기들은 미군과 군수업체들에게 큰 도움이 될 수밖에 없었다. 참고로 이스라엘은 노획한 소련제 기갑장비를 연구용으로 한국에게 보내주기도 했다. 이는 북한군 장비 연구는 물론이고 한국 국산 전차 개발에도 적지 않은 도움이 되었다.

이스라엘은 이중국적을 인정하고 있는데, 당연하겠지만 미국 국적을 가진 이가 가장 많다. 이래서인지 유대계 미국인들이 상당수 이스라엘군에 입대하는 현상이 일어났다.[08] 이스라엘은 이중국적을 허용하는 국가이므로 사실상 미국인이 싸우는 셈이었다. 1969년 11월 29일, 카이로 방송은 이스라엘 공군에 184명의 미국인이 복무하고 있으며, 그 중 48명은 조종사이고 나머지는 레이더병과 정비병이라는 뉴스를 내보냈다. 물론 아랍 측의 선전이므로 100% 신뢰할 수 없는 숫자지만 앞서 고넨 일행의 '서독 연수'를 그들이 알고 있었다는 사실을 상기해보면 진실에 가까울 것으로 보인다. 또한 미국 정부조차 미국 전투기에 미국인이 타고 있다는 것만을 부인했을 뿐 미국인의 이스라엘군 입대 자체는 인정한 바 있다. 아마 베트남전에서 팬텀을 타고 200번 이상 출전한 요엘 아로노프_{Joel Aronof}가 1969년 제대한 다음 이스라엘로 이민하여, 다시 이스라엘 공군에 입대한 사실이 과장된 것이리라. 다만 필자는 미국인들이 기갑부대에 얼마나 입대했는가에 대한 정보는 입수하지 못했다. 전쟁 영웅이 된 고넨은 미국에 있는 유대인 공동체를 돌며 강연을 했는데, 그들이 붙여준 '이스라엘의 롬멜'이라는 별명을 은근히 즐겼다고 한다.

하지만 너무 큰 승리는 반작용을 불러일으킬 수밖에 없는 것이 세상의 이치다. 괜히 7할의 승리가 최선의 승리라는 병가의 금언이 있겠는가? 이 전쟁으로 얻은 이스라엘의 점령지 특히 요르단강 서안과 가자 지구에는 120만이 넘는 팔레스티나인이 살았다. 이것도 70만이 상이 요르단강 동안즉 요르단 본토로 피난갔기에 줄어든 것이었다. 이보다 규모는 훨씬 작았지만 몇 만 명의 골란 고원 주민들도 시리아 본토로 피난했다. 이런 팔레스티나 난민의 확대

---

08   이 때문에 미국 대선 시기가 되면 미국으로 가는 이스라엘인으로 공항이 북적이는 현상이 일어난다.

는 PLO 활동을 더욱 활성화시켰고, 더 과격해지게 만들었다. 많은 전문가들은 1967년에 '팔레스티나인'들이 진정으로 태어났다고 볼 정도다. 아예 골란 고원은 1981년에 '법적으로' 이스라엘 영토로 편입되었다. 참고로 골란 고원에서 시리아 본토로 이주한 주민은 9만 5천명이었다. 앞서 이스라엘은 세계현대사에서 유일하게 남의 땅을 강탈해 세운 나라라고 했는데, 정복한 땅을 식민지로 가진 유일한 나라까지 된 것이다. 설사 세 땅이 식민지가 아니라 점령지라 하더라도 세계현대사에서 반세기 넘게 점령지인 땅은 이 곳 들밖에 없다. 좀 삐딱하게 생각하면 미국 역시 한 세기 정도의 차이는 있지만, 원주민을 몰살시키다시피 하고 그 땅에 나라를 세웠으니, 이스라엘과 '공감대'가 생겼대도 이상할 것은 없다.

또 하나의 비극이 뒤따랐는데, 아랍 세계에 그래도 남아 살던 유대인 공동체가 이 전쟁을 계기로 거의 사라졌다는 것이다. 이집트, 예멘, 모로코, 레바논, 튀니지, 리비아, 시리아, 이라크 등에 남은 유대인들은 추방, 구금 또는 가택 연금을 당했다. 벌금을 문 이들은 운이 좋은 편이었다. 유대인 회당과 상점은 불에 타버렸다. 국가가 나서서 체포한 경우도 있었고 아랍 민중들의 테러에 희생된 경우도 있었지만 어느 경우나 비극적이긴 마찬가지였다. 리비아의 트리폴리에서는 18명이 살해당하는 비극이 일어났고, 2500명은 이탈리아로 피신했다. 튀니지의 부르기바_{Bourghiba} 대통령과 모로코의 하산_{Hassan} 국왕만이 폭도들을 비난하고, 보상을 약속했을 뿐이었다. 대부분의 유대인은 서구나 이스라엘로 이주할 수밖에 없었다. 유엔과 적십자도 이 문제에는 전혀 개입하지 않았다.

또한 너무나 치욕적인 참패는 아랍인들의 각성뿐 아니라 이스라엘의 자만을 불러일으키게 되는 결과를 낳았다. 이렇게 되면서 중동 아니 지구의 북반구는 1969년대 말에서 1970년대 초에 걸쳐 PLO의 대이스라엘 게릴라전과 테러 활동과 이어지는 이스라엘의 보복으로 피로 물들었다. 또 다른 전쟁이 불가피해진 것이다.

소모전쟁과 막간극

소모전(War of Attrition)의 시대 :
아랍의 공격과 반격하는 이스라엘

　단기 결전이나 기동성 있는 정규전으로는 자신들이 이스라엘의 상대가 되지 않는다고 자인한 아랍 진영은 장기적인 소모전을 선택했다. 더구나 앞장서 싸워줄 파타라는 존재까지 있었으니 그런 방향으로 갈 수밖에 없었다. 전쟁이 끝나고 한 달도 안 된 7월 1일, 중대 규모의 이집트 특공대가 수에즈 운하를 건너 이스라엘군 경비부대와 교전하면서 3년에 걸친 소모전이 시작되었다.

　요르단에서는 파타가 주력을 맡았다. 아라파트는 대담하게도 전쟁이 끝난 지 한 달도 채 안 되어 의사로 변장하고 예루살렘에 모습을 드러냈다. 승전에 취한 유대인들을 보면서 요르단과 시리아에서 무기를 반입하여 아지트에 은닉해 두었다. 참패에 격분한 팔레스티나 청년들 특히 지식인들이 무더기로 파타에 가입해 아라파트에게 힘을 보탰다. 이제 이집트는 더 이상 팔레스티나인들의 희망이 아니었다. 그들은 폭탄테러, 요인암살, 소규모 전투 등의 방식으로 이스라엘과 맞서는데, 아이러니하게도 이 방식 대부분은 이르군과 레히 등 반영 유대인 테러 조직에게서 배운 것들이었다. 여객기 납치 정도만이 새로운 시대에 맞는 '투쟁방식'이지 않을까 싶다.

　1968년 3월 18일, 이스라엘 어린이들이 탄 버스가 팔레스티나 게릴라가 설치한 지뢰를 밟아 29명이 죽거나 다치는 참사가 벌어졌다. 이에 대한 보복으로 이스라엘은 전차와 무장 헬기까지 포함한 대병력을 요르단 영내로 진격시켜 파타의 훈련소가 있는 카라마_{Karama}를 공격했는데, 이 작전에 제82전차대대가 참가했다. 휴대용 대전차 로켓을 제외하면 이렇다 할 중화기가 없는 파타였기에 무난히 제압 할 수 있을 것이라고 여겼지만 파타의 완강한 저항과 의외로 요르단 정규군이 파타를 지원하면서 작전은 실패로 돌아갔다. 전사자 29명, 부상자 68명이 나왔고 전차와 장갑차도 네 대씩 잃었다.[01] 이 전투는 1차 중동전쟁 초기 전투 이후 첫 번째 승리였기에 아랍 언론은 대대적으로 이 전투를 보도하였고 파타의 위신은 크게 높아졌다. 이를 바탕으로 다음 해 2월, 갓 마흔 살의 아라파트는 PLO 의장으로 정식으로 선출되기에 이른다. 하지만 이 승리는 결과적으로 PLO에게 독이 된다. 그들은 이러한 소규모 전투와 함께 백만 명의 동포들이 살고 있는 요르단 강 서안을 게릴라 기지화 하여 이스라엘을 게릴라전으로 몰아넣어 승리하려는 전략을 세웠기 때문이다. 즉 알제리와 베트남을 모델로 한 것이었다. 그러나 이런 모델에는 게릴라들이 활동할 수 있는 넓은 공간, 치고 빠지기에 적합한 지형, 숨을 수 있는 안전지역 그리고 그들을 지원해 줄 수 있는 주민들이 필요했다. 하지만 그들에게는 이런 조건들이 없거나 너무 불완전했다. 이스라엘군은 PLO의 게릴라들을 주민들부터 쉽

01　파타는 이스라엘군의 사상자가 500명, 요르단은 200명이라고 주장했다.

게 분리 할 수 있었고, 수백 명의 사상자만 낳았다. 결국 PLO는 이웃 나라로부터 이스라엘을 공격하는 기존의 방식으로 되돌아갔다. 파타의 일부 그룹이 1970년 북베트남 총사령관 보 응우엔 지압 장군_{Võ Nguyên Giáp} 장군을 만날 때, 이런 지적을 받았지만 답변을 할 수 없었다. 베트남 인민군과 이스라엘 국방군은 앞서 말했듯이 묘한 공통점이 있지만 배우려는 학생은 PLO였던 것이다.

나세르와 시리아를 버릴 수 없었던 소련은 엄청난 지원을 하여 불과 몇 달 만에 아랍 측이 상실한 장비를 메워주었다. 여기에 그치지 않고 상당수의 조종사들과 대공미사일 조작 요원을 포함된 16000명이 넘는 '군사고문단'이 파견되어 참모본부부터 대대 단위까지 배치되어 이집트군의 지도를 맡았다. 바르샤바 조약 기구 외의 지역으로는 최대의 파병이었다. 이때 소련 군사고문단장이 한 말이 걸작이다.

"이집트군 전차 한 대가 열 발씩만 쏘았어도 전쟁에서 지지는 않았을 겁니다."

나세르의 전략은 단기적으로는 수에즈의 운하의 '국경화'를 막고, 최종적으로는 원래의 국경을 회복하는 것이었다. 이제 이스라엘의 궤멸은 꿈같은 이야기가 되었다. 일단 소련의 지원으로 아랍 쪽에 물질적 조건이 갖추어지자 소모전은 때와 장소도 없이 길어져 갔다. 1967년 7월 11일에는 로마니_{Romani} 앞바다에서 해전이 벌어져 이스라엘이 쾌승을 거두었지만 10월 21일에는 이스라엘 구축함 에일라트_{Eilat}가 이집트 해군의 미사일정이 발사한 스틱스_{Styx} 대함미사일을 맞고 47명의 전사자를 내고 격침되고 말았다. 텔 아비브 등 이스라엘 국내에서의 테러는 물론 해외공관과 여객기가 공격을 받았다. 수에즈 운하 동쪽에 배치된 이집트군의 야포는 1,000문이 넘었다. 시나이 전선의 이스라엘군은 이집트군의 계속적인 포격으로 많은 피해를 입었는데 심지어 1968년 10월 26일의 포격전에서는 무려 45명의 사상자를 내기도 했다.

물론 이스라엘도 강력하게 반격했다. 에일라트의 격침에 대한 보복으로 나흘 후, 수에즈에 있는 이집트 최대 규모의 정유소를 폭격하여 엄청난 손실을 입혔다. 1968년 12월 28일, 이스라엘 여객기가 공격당하자 이틀 후, 베이루트를 공격하여 14대의 아랍 비행기를 파괴해 버렸다. 공중전도 자주 일어났고 소련 조종사들까지 참전했지만 승리는 대부분 이스라엘의 차지였다. 1969년 3월 9일에는 이집트군 참모총장인 리아드_{Riad}장군이 이스마일리아 부근 벙커에서 진두지휘하다가 이스라엘군이 쏜 박격포탄에 맞아 전사하는 참사가 벌어지기도 했다. 1969년 6월 26일에는 쌍방을 합쳐 50대가 넘는 전투기가 참가한 대규모 공중전이 벌어졌는데, 소련 조종사들도 참전했다. 물론 이스라엘이 승리했는데, 여담이지만 소련 조종사들의 패배는 오히려 이집트 조종사들의 사기를 높였다고 한다. 그들은 그동안 이스라엘에 당한 패배가 자신들의 기량 탓이 아니라 기체의 열세에 있다고 믿게 되었기 때문이다. 이스라엘군의 공격은 점차 이집트 전역으로 확대되어 헬기에 태운 특공대를 나일 강 상류까지 보내 변전소를 파괴하기도 했다. 당연히 이스라엘 공군의 폭격도 잦았지만, 소련제 대공미사일로 무장한 이집트 방공부대의 반격도 만만치 않았다. 이스라엘군은 9월 9일에는 노획한 소련제 전차와 장갑차를 탄 전투부대 150명을 도하시켰다. 부대원들은 모두 아랍어에 능통한 자들이었다. 이집트군의 레이더 기

지 3개를 파괴하고 450여 명의 사상자를 안겨주었을 뿐 아니라 115
㎜ 활강포를 단 최신형 T62 전차 2대를 탈취하는 덤도 얻었다. 이렇
게 시나이 쪽이 주전장이었지만 요르단과 시리아, 레바논 쪽에서
도 횟수가 적고, 규모만 작을 뿐 포격전, 게릴라 전, 공중전, 소규모
전투가 계속 이어졌다. 결국 아랍 쪽의 전략적 목표는 인해전술과
물량 공세로 이스라엘을 질식시키려는 것이었고, 이스라엘은 아랍
특히 이집트인들의 일상생활까지 어렵게 하여 나세르를 퇴진시키
려는 것이 목표였다.

이렇게 양쪽은 계속 치고 받았고, 1970년 8월 7일에 양쪽이 휴전
에 합의할 때까지 3년 동안 입은 이스라엘의 인명 피해는 전사자
594명, 부상자 1,959명에 달했다. 정규전이었던 6일 전쟁 기간에 입
은 인명 손실과 거의 맞먹을 정도였다. 따라서 소모전쟁은 6일 전
쟁과 대조적으로 '천일 전쟁'이라는 별명이 붙었다. 아랍 측이 입은
인명 피해는 정확히 알 수 없지만 최소한 다섯 배는 넘었을 것이다.
또한 아랍 측의 주장에 따르면 1969년과 1970년 동안 기지 공사를
하다가 이스라엘의 공습으로 죽고 다친 노동자가 4천 명에 달했다
고 한다. 역시 정확한 수는 알 수 없지만 소련 군사고문단에서도 전
사자가 여럿 나왔다. 1970년 4월 8일에는 초등학교에 폭탄이 떨어
져 아동 30명이 죽는 대참사가 일어났다. 바로 카이로에서 50만의
시민들이 항의 시위를 벌였고, 세계 여론이 들끓었다.

미국조차도 F-4 팬텀Phantom과 A-4 스카이호크Skyhawk 전투기의 공
급을 일시 중단하는 조치를 취했을 정도였다. 인명피해야 압도적
으로 아랍 쪽이 많았지만, 양쪽의 인구 차이를 비교하면 결코 손해
보는 '장사'는 아니었을 것이다. 휴전에도 불구하고 소규모 전투는
계속되었고, 73년 10월까지 아랍 쪽의 표현을 빌면 '전쟁도 평화도

아닌' 상태가 계속되었다. 이 소모전에는 제7기갑여단 역시 뛰어들지 않을 수 없었고 적지 않은 손실을 입어야 했다. 그 사이에 제77전차대대가 창설되어 여단 예하에 들어왔다. 이 때 여단 소속 전차가 적의 전차를 격파하면 상으로 샴페인 한 병이 주어졌다고 한다. 1970년, 여단에 한 청년 아니 18세의 소년이 입대했는데, 그의 이름은 츠비카 그린골드$_{Zwika\ Greengold}$였다. 그 다음 해에는 부상에서 회복하여, 기갑학교 포술교관으로 근무하던 카할라니가 제77전차대대의 부대대장이 되었다. 대대장은 다비드 이스라엘리$_{David\ Yisraeli}$ 중령으로, 카할라니는 그가 부하들에게 헌신적이지만 지나칠 정도로 중앙집권적인 성격이어서 다소의 트러블이 있었다고 회고했다.

소모전이 '일단 끝난' 1970년 9월에는 요르단에서 또 다른 폭탄이 터졌다. 후세인 국왕이 '나라 안의 나라' 로서 이런저런 문제를 일으키는 PLO를 상대로 한 내전을 치러 2만 명의 희생자를 냈지만 결국 그들을 레바논으로 추방하는 데 성공했기 때문이다.[02] 시리아는 PLO지원에 나서 요르단 과 기갑전투까지 벌였는데, 요르단군의 센츄리온이 시리아군의 T54/55 200대 가량을 격파하는 압승을 거두었다. 이로써 T54/55의 평판은 더욱 떨어졌다.

이 때문에 12년 후 레바논에서 또 다른 전쟁이 일어나는데, 그 이야기는 뒷 지면에 다루도록 하겠다. 소모전 시기에 이스라엘군은 공격을 우선으로 하는 그들답지 않게 수에즈 운하를 따라 1968년부터 최고 39m 높이에 45°가 넘는 경사를 가진 거대한 모래벽과 16개의 영구진지[03], 후방의 지뢰밭과 철조망으로 구성된 길고 거대한

---

02   미국이 요르단 정부군을 지원했다.

03   건설된 영구진지의 숫자는 33개에 달하지만, 병력과 경비의 부족으로 실제로 운영되는 것은 그 절반 정도였다. 나머지는 기만용으로 '활용'되었지만 별다른 효과를 거두지는 못했다.

방어선을 건설했다. 이 방어선은 당시 참모총장인 하임 바 레브의 이름을 따서 바 레브 선이라 불렸다. 만약 이집트 군이 공격한다면 이 방어선에 막힐 것이고, 그 사이에 후방의 기갑부대가 그들을 쓸어버리겠다는 계획이었다. 하지만 바 레브 선은 마지노Maginot 선, 맥나마라McNamara 선 등 인명을 붙인 다른 방어선처럼 쉽게 뚫릴 운명이었다. 물론 '늘 공격적인 이스라엘군답지 않은' 방어선 구축에 불만을 가진 이가 없을 리 없었다. 대표적인 인물이 묘하게도 바레브 라인 건설 직후인 1969년부터 1973년 봄, 즉 4차 중동전쟁 발발 직전까지 남부군 사령관을 지낸 샤론이었다. 탈도 반대자 중 하나였다. 샤론은 수에즈 운하를 도하하여 이집트군의 주력을 격멸하는 작전안을 구상했는데, 이는 몇 년 후 현실화되었다. 샤론은 자타가 공인하는 훌륭한 장군이었지만 자기과시욕이 지나치게 강해서 인품에는 문제가 많았고, 극단적이기 까지 한 그의 의견은 언론에 노출되기도 했다. 샤론의 후임자는 그사이 소장으로 승진한 고넨이었다. 어쨌든 이스라엘군은 방어전으로의 전환에 많은 진통을 겪어야만 했던 것이다.

사다트의 등장과 이스라엘 군의 군비 불균형

이런 상시 전쟁 상황이 계속되자 이스라엘에서는 아예 다시 한 번 선제공격을 하자는 의견까지 등장했다. 상황이 이렇게까지 돌아가자 양 진영의 후원국인 미국과 소련은 몸이 달았다. 두 나라 다 당시 시점에서는 전면전을 원하지 않았고 더구나 소련은 아랍 측의 군사적 능력을 크게 의심하고 있었기에 1970년 6월 말, 나세르를 모스크바로 초청해 휴전하도록 설득했다.

6일 전쟁의 참패로 큰 충격을 받은 데다 과로와 질병에 시달리던 나세르는 귀국한 다음 7월 23일 중동 평화안을 수락한다는 성명을 발표했다. 긴 소모전에 지친 이스라엘 역시 이를 수락했고 8월 8일부터 90일간의 정전협정이 발효되었다.

이 '강요된' 정전에 동의한 나세르는 겨우 두 달을 넘기지 못하고 9월 29일 심장마비로 세상을 떠났다. 전쟁은 최고 지도자의 정력을 엄청나게 소모시켜 죽음에 이르게 하는 경우가 많은데 루즈벨트가 대표적인 예일 것이다. 하지만 나세르는 겨우 52세에 세상을 떠났으니 당당한 풍채에 비해 '내구력'은 약한 편인 셈일지도 모르겠다. 어쨌든 그의 죽음으로 부통령 안와르 사다트가 그의 자리를 승계했다. 나세르[04]에 비해 친서방적이고 융통성 있는 인물인 사다트는 최소한 표면적으로는 평화를 위한 협상에 적극적이었고, 이 상태는 1971년 말까지 계속되었다.

한편 이 기간 이스라엘군은 어떻게 전쟁에 대비하고 있었을까? 조금 극단적으로 말하면 6일 전쟁에 화려한 전공을 세운 공군과 전차에 올인 했다고 요약할 수 있다. 그중에서도 국방비의 거의 절반을 공군이 가져갔다. 공군은 이런 돈값을 해야 하기에 지상전이 벌어질 경우 직접적인 화력지원까지 맡게 되었다. 특히 최신기종인 F-4 팬텀을 95대나 보유하고 있었다.

---

04   나세르는 이집트가 아랍 세계의 맹주가 되기를 바랐지만, 기본적으로 이집트를 아랍 세계의 일원으로 보았다. 하지만 사다트는 이집트 우선주의자였다. 또한 나세르가 워낙 강력한 범아랍주의의 상징이었기에, 역으로 운신의 폭이 좁았지만, 사다트에게는 그런 부담이 없었다. 나세르는 1958년 2월 22일 이집트와 시리아를 통합하여 아랍 연합 공화국을 선포했다. 1961년 9월 28일에 시리아가 탈퇴했지만, 이집트의 정식 국호는 여전히 아랍 연합 공화국이었다. 사다트가 국호를 이집트 아랍 공화국으로 바꾸기로 결정하면서 아랍 연합 공화국은 1971년 9월 2일을 기해 소멸되었다. 이것이 두 인물의 결정적인 차이라 할 수 있다.

육군에 대한 투자도 전차에 집중되었다. 미국제 최신 M60 전차 150대 이상이 도입되었고, M-48패튼도 400대가 넘게 되었다. M-48은 모두 105㎜ 주포로 바꾸어 달았는데, 이런 개조는 이스라엘이 세계 최초였다.[05] 이스라엘군은 이 전차들을 당나귀라는 뜻의 마카크_{Magach}라고 불렀다. 하지만 주력은 여전히 600대가 넘는 센츄리온이었다. 그럼에도 두 전차는 엔진과 주포를 공유하여 보급체계가 원활해졌다. 네덜란드 육군이 최신형 독일제 레오파르트 1을 장비하면서 1969년에 105㎜포로 개수된 센츄리온 122대를 거의 고철 가격으로 이스라엘에 '땡처리'했는데, 이스라엘은 이것들을 철저하게 개조하여 잘 써먹었다. 어쨌든 패튼과 센츄리온 두 전차는 엔진과 주포를 공유하여 보급체계가 원활해졌다. 두 전쟁에서 상당한 활약을 한 AMX13 경전차는 퇴역시켰다. 앞으로의 전쟁은 방어전이 될 확률이 높기에 장갑은 거의 없는 것이나 마찬가지고 기동력만 좋은 이 경전차의 필요성이 크게 떨어졌기 때문이었다.

센츄리온의 본가 영국은 6일 전쟁에서 이스라엘이 거둔 화려한 전과 덕분에 센츄리온을 10개국이 넘는 나라에 팔아 큰돈을 벌었는데, 그 나라들 중에는 이스라엘의 적대국인 요르단도 있었다. 그러면서 차기 전차 치프텐_{Chieftain}을 이스라엘과 공동개발하고자 했고 1966년 10월, 시제 전차 2대를 극비리에 이스라엘로 보낼 정도로 거의 성사되었지만 결국 무산되고 말았다. 1967년의 3차 중동전에서 참패를 당한 아랍측이 이스라엘에 무기를 공급한 영국과 프랑스에게 엄청난 압력을 가한 것이다. 특히 영국은 영국에 있는 모든 예금을 빼내겠다는 아랍 측의 계속된 압력을 이기지 못하고, 1969년 11

---

05   훗날 105㎜ 주포를 단 M48의 활약에 만족한 미군은 이 전차를 M48A5으로 명명하고 정식으로 도입하기에 이른다.

월, 이스라엘에서 치프텐 시제전차를 철수시키면서 라이선스 생산계획을 취소시켰다. 이렇게 이스라엘은 또 한 번 영국에 뒤통수를 맞은 것이다!! 당연히 이스라엘은 불같이 항의했지만, '약소국'의 항의 따위가 통할 리는 없었다. 시간과 돈만 낭비한 이스라엘은 자국의 생존을 위해 핵심적인 병기의 국산화가 반드시 필요함을 절실하게 깨닫게 되었다.

그러나 당시 이스라엘인구는 300만도 되지 않았고, 전차산업의 기반이라고 해봐야 해외에서 수입한 중고전차를 개조한 경험밖에 없었다. 그럼에도 이스라엘 의회는 국가의 생존을 위한 새로운 전차개발을 요구하는 특단의 조치를 내렸으며, 자국의 기술수준과 산업기반 및 경제에 대한 정밀한 분석이 내려진 1970년 8월, 전차의 독자개발이 결정되었다. 그리고 국산전차 개발 책임자로 3차 중동전의 신화를 창조한 '이스라엘 탈' 장군이 선택되었다. 사실 이스라엘은 부족한 기술력과 자금력 때문에 완전히 새로운 전차를 개발할 수는 없었다. 그래서 영국이 그나마 남겨놓은 치프텐의 자료를 참조하고, 센츄리온을 철저히 역설계하는 방법을 통해 전차설계의 기본 노하우를 배웠다. 그래도 이스라엘에게 유리했던 점은 3차 중동전을 겪은 탈 장군을 비롯, 세계 그 어느 나라의 전차병들보다도 생생한 실전경험을 가진 전차 장교들이 설계에 참가 할 수 있었다는 사실이었다. 얼마 후, 치프텐으로의 전환을 마친 영국도 '양심상' 마지막 남은 센츄리온을 이스라엘에 '땡처리'해 주었고, 이것들 역시 철저하게 '이스라엘화' 되었다.

이스라엘군은 만성적으로 병력이 부족했기에 더욱 기계화에 매진했고, 그 결과 1973년 10월 전쟁 직전, 이스라엘 군은 614명 당 1대의 항공기, 176명 당 전차 1대를 보유할 정도로 고도로 기계화된 군대가 되었다. 참고로 나토에서 가장 잘 무장되어 있던 독일 연방군은 1980년 당시, 항공기는 900명 당 1대, 전차는 143명 당 1대였다.

당시 기갑총감은 아단 소장이었고, 부총감은 만들러였다. 아단은 1969년 기갑총감에 취임하여, 이례적으로 5년 가까이 그 자리에 있으면서, 많은 일을 했다. 그중 가장 중요한 것은 M113보병전투차의 도입이었다. 앞에 바퀴가 달린 하프트랙은 셔먼 같은 2차 대전형 전차와는 그런대로 맞았지만 패튼이나 센츄리온 같은 새로운 전차들과는 보조를 맞출 수 없었기 때문이다. 개방형이라 방어가 어려운 것은 두말할 나위도 없었다. 하지만 전임자인 탈과는 의견이 달랐다.

하지만 탈 장군은 '최고의 보병전투차라고 해도 최악의 전차보다 못하다'라는 '극언'까지 남길 정도로 M113에 부정적이었다. 물론 비용 때문이었다. 또한 아단 장군은 보병전투차 안에서도 전투를 할 수 있어야 한다고 주장했지만 탈 장군은 이것도 반대했다. 그러면서 탈 장군은 새로운 보병전투차를 도입해야 한다면 중장갑을 갖추어야 한다고 주장했다. 물론 더 많은 비용이 소모되기에 아단의 의견이 채택되어, 소모전쟁이 시작되는 시기부터 몇 년 동안 448대의 M113장갑차와 이를 개량한 M577지휘전차가 도입되었고, 젤다_{Zelda} 라는 이름이 붙었다. 하지만 대부분의 보병은 여전히 2차 대전의 유물인 하프트랙에 타야했다.

어쨌든 새로운 '탈것'은 지뢰를 밟는 경우에도 피해가 없다는 사실이 밝혀지면서 기계화 보병의 환영을 받았다. 그럼에도 상당수의 기계화 보병들은 답답한 M113보다 여전히 하프트랙 탑승을 선호했다고 한다. 아단 장군은 기계화 보병의 장교들을 보병과가 아닌 기갑과에서 교육을 받도록 바꾸었는데, 이 역시 탈과는 정반대의 정책이었다. 이렇게 해서 전차와 보병전투차의 협동 전술이 상당 부분 자리 잡게 되었지만, 이는 현역 정규군에 한정되었다는 명확한 한계가 있었다. 이스라엘군의 주력은 잘 알려지다시피 예비군이었는데, 이들은 전혀 이런 훈련을 받지 못했던 것이다. 이스라엘 군은 몇 년 후 그 대가를 치르게 된다.

물론 탈의 극단적인 전차중심주의에는 몰론 탄탄한 논리적 근거가 있었다. 자주 안개가 끼는 유럽과는 달리 사막의 시계는 훨씬 좋고, 대전차무기를 가진 적 보병이 숨을 만한 덤불도 매우 적다는 것이었다. 따라서 장거리 포격으로 적을 제압하고 신속하게 진격하는 것이 최고이며, 보병은 잔적 소탕 정도만 맡으면 된다는 논리였다.

포병분야에도 노후화된 셔먼 전차의 차체에 33구경 155㎜ 야포를 올리고 폐쇄된 전투실을 갖춘 L33자주포와 같은 셔먼 전차의 자체에 160㎜ 중박격포를 탑재시키고 엔진도 미국제 디젤로 바꾼 마크매트Makmat 중자주박격포도 개발하는 등 많은 노력을 기울였다. 뿐만 아니라 구식 M7 프리스트 자주포를 퇴역시키고 32㎞에 달하는 사정거리를 자랑하는 M107 175㎜ 자주포 48대와 M109 155㎜ 자주포 48대를 미국에서 도입하는 등 포병에도 적지 않은 투자를 했기에 이스라엘군 수뇌부가 포병을 경시했다는 비난은 적절한 것이 아니다. 하지만 포병전력이 아랍 진영에 비해서는 크게 열세였고, 공군의 지원에 의존하는 상황이었다는 것은 부인하기 어렵다.

하지만 보병장비는 심각할 정도로 낙후된 상태였다. 이집트와 시리아 군이 AK-47 자동소총과 RPG-7대전차 로켓, 휴대용 대전차 미사일로 중무장을 하고 있는 데 비해, 이스라엘군은 FN 반자동소총과 수류탄 그리고 대검이 전부였다. 또한 대공 장비와 대전차

마크매트 중자주박격포. 근거리에서 강력한 화력을 제공하는 역할을 맡았다.

L33 155㎜자주포.
화력과 방어력은 좋았지만 승무원이 8명이나 필요해서 인력 운영 면에서는 비효율적인 장비였다.

M109자주포

장비에도 거의 무관심했다. 대공 장비는 호크_{Hawk} 대공미사일의 추가 도입과 약간의 M548A1 자주대공미사일을 구입 한 것이 전부였다. 최고의 대전차 무기는 전차라는 믿음 때문에 대전차 장비는 6일 전쟁 전 프랑스에서 SS10과 11 대전차 미사일을 도입하여, 개조한 하프트랙에 장비하기는 했지만 소수였고, 그다지 늘리지도 않았다. 미국에서 TOW 대전차 미사일을 공급해주겠다고 제안했지만 거절했다. 여전히 하프트랙에 90㎜ 대전차포를 탄 고색창연한 '대전차자주포'가 남아있을 정도였고, 그 외에는 106㎜ 무반동포를 장비한 지프차 약간 그리고 보병에게는 몇 안 되는 구식 바주카포가 대전차 장비의 전부였다.

당시 이스라엘이 군비 확장을 하는 중 특이할 점은 도하장비의 도입이다. 1967년 이전 이스라엘군에게 있어 도하장비란 고려할 대상이 아니었다. 하지만 폭 180m의 수에즈 운하와 요르단 강이라는 장애물이 생기자 당시 훈련참모부장인 모셰 '무사' 펠레드_{Moshe 'Mussa'} _{Peled} 대령이 도하장비 도입이 필요하다고 주장해 길이 22m, 폭 11m

하프트랙 탑재형 SS11

짜리 중문교를 대거 도입했고, 건천인 와디_{wadi}에 물을 채워 훈련까지 마쳤던 것이다.

이렇게 보면 1973년 이스라엘군은 분명히 1967년보다 강했지만, 전차와 공군에의 몰입으로 불균형 상태였다. 또한 하드웨어의 팽창으로 정비와 보급 등 지원 분야의 효율이 저하된 것도 문제였고, 급격한 '영토 확장'으로 사령부와 전선의 거리가 멀어져 신속한 대응이 어려워 질 수 밖에 없어 결국 대가를 치르고 만다. 그들의 롤 모델인 독일 국방군이 바르바로사를 지나 스탈린그라드_{Stalingrad}와 쿠르스크_{Kursk}를 겪듯이 비슷한 전철을 밟게 될 운명이었던 것이다.

이스라엘의 오만과 태만

이스라엘군은 하드웨어 분야에서도 적지 않은 문제점을 안고 있었지만, 정신적인 면에서 큰 문제를 안고 있었다. 점령지는 점진적 합병 정책이 먹혀 들어가는 것 같았고, 곧 자위가 가능한 상태가 올 것처럼 보였다. 그중 가장 치명적인 것은 '오만' 이었다. 1970년 바 레브 참모총장은 아랍군에 대해 이렇게 혹평했다.

아랍 병사는 현대전에 필요한 자질을 갖추지 못했다. 이러한 자질에는 빠른 반사 신경, 기술적 소양, 고도의 지능, 그리고 무엇보다 '어렵고 힘든 상황에서도 사건을 현실적으로 보고 진실을 말할 수 있는 능력' 이다.

전임자인 라빈도 1973년 7월, 이런 글을 남겼다.

> 우리의 현재 방어선은 아랍과 이스라엘 간 힘의 균형에서 결정적인 이점을 우리에게 주고 있다. 아랍인들의 위협을 받을 때마다 병력을 동원할 필요가 없다. …… 아랍인들은 군사적이고 정치적 행동을 조정할 능력이 거의 없다. …… 이스라엘의 군사력은 상대방이 그 어떤 군사적 목표도 달성하지 못하도록 방지하기에 충분하다.

같은 달 샤론도 어떤 모임에서 '이스라엘은 나토보다도 강하기 때문에 중동지역 대부분과 북아프리카까지 일주일 안에 정복할 수 있다.'라고 호언장담하기까지 했다.

이로부터 한 달 후, 다얀 장군은 참모들을 상대로 이런 내용의 강의를 한다.

> "아랍군의 취약점을 따지자면 그 뿌리가 너무 깊기 때

문에, 내가 보기에는 그것들은 쉽사리 극복할 수 없다.
즉 아랍군은 사기가 떨어져 있고, 기술이나 교육면에서
도 낙후해 있다. 힘의 균형이 워낙 우리 쪽으로 기울어
있기 때문에, 아랍인들이 적대감을 되살리려고 해도 그
런 의욕이 바로 사라져 버린다." 또한 "이스라엘 국민이
우리 병사이고, 미국인들이 우리 보급책이고, 수에즈 운
하가 우리 군사 경계선이고 아랍인들이 우리의 적인 이
상, 걱정할 것이 없다."

　당시 참모총장은 바로 제7기갑여단장 출신의 엘라자르 장군이
었는데, 할 일이 없다는 다얀에게 엘라자르가 또 다른 아랍 국가를
공격하는 게 어떻겠느냐고 했고, 이에 다얀이 오후엔 뭘 할지 물었
더라는 농담이 부하들 사이에 떠돌았다.
　이런 지나친 자신감은 '새 이론'으로 까지 '발전'한다. 아랍인들
은 새처럼 대포소리 한 번만 들으면 놀라서 뿔뿔이 흩어진다는 의
미이다. 유대계이자 당시 미 국무장관인 헨리 키신저_{Henry Kissinger} 도
거의 같은 생각 즉 '전쟁은 아랍인들이 즐기는 놀이가 아니다' 라
는 견해를 가지고 있었다. 훗날에 그는 한 이집트 외교관이 전쟁이
곧 일어날 지도 모른다는 말을 하자 속으로 허풍이라며 비웃었다
는 고백을 했을 정도였다. 이런 오만은 고위층과 장교들의 전유물
이 아니었다. 동유럽에 뿌리 둔 영국 출신 유대인 역사학자 토니 주
트_{Tony Robert Judt} 는 바로 이 시기에 이스라엘에 있었는데, 국수주의자들
이 다마스쿠스로 진격하여 아랍인들을 영원히 끝장내 버리자는 식
의 주장을 서슴없이 하는 것으로 시오니즘에 대한 회의를 가지게
되었다고 회고했다. 이렇게 이스라엘인들은 아랍인들을 말 그대로

'하등 종족' 취급을 했는데, 이런 나태와 오만의 대가를 톡톡하게 치르게 된다.

엘라자르 장군

　정보 측면에서도 문제가 적지 않았다. 사다트는 진심으로 공격할 마음이 없으면서도 허장성세를 일삼았던 나세르와는 정반대로 공격 의사를 숨기고 이스라엘이 긴장을 풀게 만드는 술책을 썼다. 1972년 7월, 소련 군사고문단을 추방한 사건이 대표적이었다. 반대로 1971년에는 그 해가 '결단의 해'가 될 것이라고 공언하다가, 1972년 11월에는 6개월 안에 전쟁을 할 것이라고 호언장담하기도 했다. 이렇게 냉탕과 온탕을 오가는 그의 발언에 이스라엘인들의 경계심은 느슨해졌던 것이다.

전쟁 직전의 상황

　그 사이 이집트군과 시리아군은 비대칭 전력인 대공미사일과 대공전차 등 방공장비와 보병이 장비하는 AT-3 새거Sagger 수동식 유선 유도 대전차미사일과 RPG7 대전차로켓 그리고 강력한 포병을 중심으로 군비를 확충하며 맹렬한 훈련을 계속하였다. 여기서 새거 대전차미사일에 대해 알아볼 필요가 있다. 지금은 퇴출된 유선 유도 유도방식 즉 날아가는 미사일을 조이스틱으로 직접 조종해야 해서 조작에 상당한 훈련이 필요하며 명중률도 상당히 떨어진다. 거기다가 속도가 느려서, 그사이에 전차가 도망치거나 연막을 치거나 반격하는 등의 대응을 할 수 있다는 문제가 있다. 가장 큰 단점은 최소사거리가 500에서 800m에 달해, 가까운 거리에서는 정확한 유도가 불가능하다는 것이다. 이 때문에 RPG7와 무반동포 사수가 동행하는 방식으로 운용되었다. 대신 기존의 대전차 무기와는 차원이 다른 최대 3㎞의 사정거리를 가지고 있었고, 파괴력도 대단해서 튼튼한 장갑을 자랑하는 M48 패튼이나 센츄리온도 단 한 방으로 고철덩어리로 만들 수 있었다.

이런 과정에서 과거와는 다른 현대적 군대로서의 면모를 갖추어나가기 시작했다. 또한 소프트웨어 분야에서도 특권층에서 장군과 장교를 충원하는 관행에서 벗어나면서 일반 병사들의 사기도 높아졌다. 이전에는 병역 면제 대상이었던 고졸자와 대졸자도 많이 징집되었다. 일부 장교들은 적을 알기 위해 히브리어를 공부하는 열의까지 보였다. 사실 욤 키푸르 전쟁 당시 포로가 된 한 이집트 군 장교는 완벽한 히브리어를 구사해 이스라엘 장교들을 놀라게 했을 정도였다.

메이어 총리가 이끄는 이스라엘 정부도 모사드_{Mossad} 등 정보기관에서 이집트의 이런 움직임을 감지하여 보고했기에 일단은 전쟁에 대비하기는 했으나, 정작 골다 메이어 총리를 비롯한 수뇌부는 앞서 말했듯이 지금까지 거둔 연전연승으로 인한 긴장감 상실과 오만으로 이전과는 다르게 소극적인 자세를 취했다. 당시 이집트는 진짜 전쟁준비를 은닉하기 위해 몇 차례씩 가짜 동원령을 발령했는데, 이스라엘이 대응하기 위해 똑같이 동원령을 내리면 소집된 예비역들에게 그에 따른 보상을 해줘야 하는 문제 때문에 경제적 부담이 만만치 않았다. 따라서 이집트의 동원령에 일일이 대응하는 것도 무리였던 것은 사실이었고, 실제로 1972년 11월과 1973년 5월에는 두 번이나 동원령을 내렸다가 전쟁이 일어나지 않자 3,450

만 달러가 넘는 엄청난 예산을 낭비한 바 있었다. 엘라자르 장군은 20만에서 25만을 소집하는 '준 총동원'을 요구했지만, 다얀은 방어에 필요한 2,3만의 동원만을 원했다. 엘라자르는 방어에만도 4개 동원기갑사단이 필요하며 선제공격까지 해야 한다고 맞섰다. 다얀도 받아들일 수밖에 없었다. 하지

골다 메이어 총리

만 결정은 75세의 할머니 메이어 총리에게 있었다.

물론 메이어도 선제공격을 고려하지 않았던 것은 아니었다. 하지만 엄청난 점령지를 차지한 상황에서 다시 먼저 공격을 한다면 국제여론은 완전히 이스라엘을 버릴 것이라는 두려움 때문에 실행하지 못했다. 대신 총동원령에는 동의했다. 하지만 이 총동원령은 공격 개시 시간보다 겨우 5시간 전인 오전 9시에야 발령되고 만 것이다.

이런 전후 상황을 살펴보면, 당시 이스라엘 정부와 군이 방심을 했고, 잘못된 정책을 선택하고 실행했다는 인상을 강하게 받을 수 있고, 상당 부분은 사실이었다. 하지만 결과론적 비난이기도 하다. 국민들 역시 시나이반도나 골란 고원 같은 완충지역이 생겼고, 텔아비브나 하이파 같은 인구 밀집 지역이 훨씬 안전해졌기에 과거와 같은 강박관념에서 많이 자유로워진 것도 부인할 수 없는 사실이었다.

사실을 따지면 이스라엘 정부와 군은 경제적 부담에도 불구하고 계속적으로 군비를 확충해왔다. 73년 정부 전체 예산에서 국방비는 40%에 가까웠고, 7년 전과 비교하면 군사력은 엄청나게 늘어나 있었다. 그 사실은 아래 도표를 살펴보면 잘 알 수 있다. 하지만 군비란 완전할 수 없는 것이기에 부족한 부분이 있었고, 그것이 큰 문제가 되었던 것뿐이다.

동원 가능한 전력	1967년 6월	1973년 10월	비고
병사	21만 명	31만 명	
야포와 자주포	204문	945문	중박격포 포함
고사화기	626문	1,000문	
대공미사일	50좌	75좌	
전차	1,000대	2,000대	
장갑차량	1,436대	4,000대	하프트랙 포함
작전용 항공기	267대	486대	

여기서 아랍 쪽의 준비를 살펴보자. 가장 강한 적인 이집트는 과거처럼 '아랍의 대의'만 떠드는 것이 아니라 시리아와 계속적이고 면밀한 협의를 해나갔다. 심지어 이집트는 자신의 육군을 제1군을 빼고, 제2와 제3군으로 편성했을 정도였다. 제1군은 시리아군이었던 것이다! 1973년 8월 22일, 알렉산드리아의 해군사령부에서 수뇌부들이 모여 개전일 등 작전계획을 최종 조율하였다. 6일간 이어지는 격론 끝에 전투개시일은 유대교의 최고 축일인 욤 키푸르 바로 그날인 10월 6일, 시간은 오후 2시 5분으로 결정되었다. 원래는 오후 6시였다고 한다. 이 시간은 해를 등지고 공격하는 이집트군에겐 유리해도 석양을 마주 보며 공격해야 하는 시리아군에겐 불리했기에 절충이 이루어진 것이다. 이렇게 이스라엘을 남북에서 협공할 계획이 완성되었다. 또한 그 시기에 사다트는 리비아의 젊은 독재자 무아마르 알 카다피Muammar al-Gaddafi와 여러 차례 만나 두 나라를 합친 '새로운 아랍연합을 만든다는 원칙'에 합의하기까지 하면서 이

스라엘과 서방의 눈과 귀를 돌리는 용의주도함을 보였다. 하지만 사다트는 카다피에게 전쟁에 대한 어떤 정보도 주지 않아 훗날 그를 분노하게 만들었다.

전술적 차원에서도 작전 시작 시간은 훗날 이스라엘 장군들까지 칭찬할 정도로 철저한 보안이 이루어졌는데, 훗날 이스라엘군에게 잡힌 8천 명의 포로를 심문한 결과, 10월 3일에 전쟁에 시작된다는 사실을 알았던 자는 한 명 뿐이었고, 95%는 당일 아침에야 알았으며, 일부는 수 분 전에야 알았다고 했을 정도였다. 모사드는 전쟁 임박을 정부에 보고했지만, 메이어 총리와 다얀 국방장관은 두 나라는 전쟁 준비가 되어 있지 않다는 국방정보본부의 보고를 믿었다. 결국 예비군 총동원령은 공격 개시 시간보다 겨우 5시간 전인 오전 9시에야 발령된 것이다. 전쟁 개시 직전에 서로 다른 루트들을 통해서 결정적 정보들을 확인한 뒤에도 대응을 하지 않았던 것은 결과적으로 메이어 총리와 모셰 다얀 국방부 장관이 이끄는 노동당 내각에 치명적인 타격을 입혔다.

이에 비해 이스라엘 정부는 9월 29일 오스트리아에서 시리아의 조종을 받는 팔레스티나 조직인 사이카_{Saika} 요원 2명이 유대인 이민 열차를 점거하고 6명을 인질로 잡은 사건과 한 달 밖에 남지 않은 총선에 거의 모든 신경을 쓰고 있었다. 남부군 사령관 샤론은 참모 총장직을 원했지만 이루어지지 않자 이 선거에 출마하기 위해 퇴역을 했고, 아단은 거의 5년 동안 있었던 기갑총감직을 내놓고 퇴역 준비를 하고 있었다. 후임자는 만들려였는데, 당시 그는 시나이 전선, 바 레브 선 후방을 지키는 기갑사단을 지휘하고 있었다. 그의 후임자는 마겐이 내정되어 있었다. 그 외에도 중부군 사령관, 작전 차장, 포병총감 등 주요 보직 이동이 대대적으로 이루어졌거나, 곧 실행될 예정이었다. 이런 대규모 인사 자체가 이스라엘군 지휘부가 전쟁을 예상하지 않았다는 좋은 증거가 아닐 수 없다.

한편 전임 여단장 고넨은 전쟁 두 달 전인 1973년 8월에 남부사령관에 임명되었다. 아단은 1967년 이후 점점 강도를 더해가는 그의 '갑질'에 질려 이 인사를 반대했다. 고넨은 군복단추를 달지 않았다는 사소한 이유로 부하들을 징계하곤 했다. 따라서 기동훈련에서 부하들은 그를 두려워하여 솔직한 답변을 않는 경우가 많았다. 하지만 엘라자르는 아단에게 그에게 충고하겠다고 했을 뿐 그대로 인사를 강행하고 말았다. 여기서 시선을 다시 제7기갑여단으로 돌려야 할 것이다.

제 7 기 갑 여 단 사

4차 중동 전쟁

(욤 키푸르)

폭풍 전야의 제7기갑여단

제7기갑여단은 네게브 사막의 브엘세바Beersheba에 주둔하면서 남부전선 즉 시나이 반도에 전쟁이 터질 경우 바로 투입될 준비를 하고 있었다. 또한 1970년대에 들어서면서 미국제 최신 M60전차 100대를 수령하여 이스라엘군 최강의 기갑부대로서 부족함이 없는 전력을 과시하고 있었다.

1973년 9월 1일, 제7기갑여단은 이스라엘 건국과 여단 창설 25주년을 기념식을 라트룬에서 열었다. 여단을 거쳐 갔던 선배들이 모

벤 갈 여단장

였다. 원형 극장에서 행사가 열렸는데 여단의 위상을 반영하듯 골다 메이어Golda Meire 총리까지 참여했다. 물론 38세의 여단장 아비그도르 벤 갈Avigdor Ben-Gal 대령은 5주 후 자신의 부대가 피와 기름의 수령 즉 조국의 운명을 좌우할 전투에 투입될 운명을 전혀 알 수 없었다. 1936년 폴란드에서 태어나 부모를 홀로코스트로 잃어 장신의

벤 갈 대령은 전형적인 이스라엘 기갑부대 지휘관으로서 행정에는 거의 무관심하고 오로지 실전에만 관심을 집중하는 '전투종족'에 속하는 인물이었다. 고아로 자란 그에게 육군, 아니 기갑부대는 가족이나 마찬가지였다.

9월 말, 국방장관 다얀은 엘라자르 참모총장과 함께 북부전선, 즉 골란 고원을 시찰했는데, 시리아군의 병력 집결이 심상치 않아 보였다. 특히 북부군 사령관 이츠하크 호피_{Yitzhak Hofi}장군은 시리아의 공격이 임박했다고 여러 번 경고하기까지 하였다. 이 전선에 배치된 이스라엘 군은 전력미달의 제188기갑여단과 2개 보병대대 그리고 약간의 포병대가 전부였다. 탈은 당시 참모차장 겸 작전부장이었는데, 제7기갑여단을 골란 고원으로 이동해야 한다고 강력하게 주장하였고, 다얀과 엘라자르는 이를 받아들였다. 그 중에 가장 먼저 떠난 부대는 제77전차대대였다. 9월 26일 오전, 대대장 카할라니 중령은 동생 에마누엘_{Emanel}의 결혼으로 휴가를 받고 진탕 마신 다음 일어나 집을 수리하고 있다가 여단장의 전화를 받고 바로 골란 고원으로 떠났다. 특히 M60을 그대로 주둔지에 놔두고 북부사령부에 비축하고 있는 센츄리온을 장비하라는 지시도 내려졌다.

이유는 세 가지였다. 첫 번째는 전차까지 이동시키면 너무 많은 시간이 필요했기 때문이고, 두 번째는 기술적인 문제 즉 현가장치 때문이었다. M60은 토션바 형태의 현가장치를 달고 있어서 골란 고원의 험난한 지형에서 파손될 위험이 있기 때문에 홀스트만 형식의 현가장치를 채용한 센츄리온에 골란 고원 방어를 전담시킨 것이다. 토션 바 형식은 금속봉의 탄성을 이용한 것이고, 홀스트만 형식은 스프링으로 충격 흡수를 하는 형태로서 다소 구형이긴 하지만, 차체 밖에 있으므로 교체와 수리가 쉽다는 장점이 있다. 마지막으로 골란 고원에서 전투가 벌어지면 방어전을 해야 하므로 기동성보다는 방어력이 좋은 센츄리온이 더 적합했던 것이다.

북부군 사령부가 비축하고 있던 센츄리온은 디젤 엔진을 장착해 기동성을 높였고 정비 상태도 훌륭했다. 이 디젤 센츄리온 전차는 전투에 큰 영향을 미쳤다. 마력 수가 증가하면서 기동성이 높아졌는데 인화점이 0도 아래인 가솔린을 사용할 경우 피탄 시에 화염이 쉽게 일어나면서 파괴될 수 있는데 비해서 디젤은 인화점이 50~70도 정도에서 포탄을 맞아 연료가 누출된다 해도 상온에서는 증발하지 않았다. 전차의 기동에 따른 온도 증가로 차체가 뜨거워지긴 하지만 그래도 가솔린 보다는 훨씬 안정적이기 때문에 차체가 유폭하거나 완전히 파괴되는 걸 막아주었다. 어쨌든 결과적으로 제7기갑여단의 골란 고원 이동과 센츄리온 배치는 그야말로 '신의 한 수'가 되었다.

카할라니 중령과 부대대장 에이탄 코울리^{Eitan Kauli} 대위는 대대원들과 함께 9월 27일 새벽 3시까지 분주하게 움직이며 장비를 수령했다. 3시간 후, 벤 갈 여단장이 현장에 도착했다. 사실 제7기갑여단은 앞서 이야기했듯이 시나이 사막에서 두 차례나 싸웠고 직전까지도 시나이에서 싸울 준비를 하던 부대였기에 산악지대인 골란 고원은 생소한 공간이었다. 더구나 그들이 맡은 지역은 바위가 많고 지면이 험한 북부였기에 지형에 대해 숙지해야만 했다. 그들은 생소한 전차를 타고 생소한 지형에서 열흘 후 역사에 남을 대전투를 치를 운명이었던 것이다!

벤 갈과 카할라니는 중대장들과 함께 전선으로 나가 가장 양호한 방어진지를 선정했는데, 여단은 지난 두 차례의 전쟁과는 달리 방어전을 치러야 했다. 갈 여단장은 사거리 표 작성 같은 세세한 부분까지 일일이 챙겼다. 그렇게 해 놓으면 사거리 측정을 위한 전차 포탄 낭비를 줄일 수 있었기 때문이었다. 여단장은 저녁에 여단 본부로 돌아갔고 카할라니는 대대 간부들과 함께 방어계획을 어떻게 세워야 하는 가에 대해 치열하게 토론했다. 이스라엘 군의 강점은 이런 토론문화에도 있었다.

카할라니와 대대 간부들 그리고 대대원들은 9월 29일, 유대인들의 신년을 맞아 일부는 교대로 휴가를 즐기면서도 지형 숙지와 전투준비에 여념이 없었고, 10월 1일에는 전투준비를 완전히 마쳤다. 10월 4일에는 대대 전체가 골란 고원의 최전선으로 이동했다. 하지만 시리아군의 집결이 점점 눈에 띄게 되자 여단 전체의 골란 고원 배치가 결정되었고 10월 5일 아침부터 전 여단이 이동하기 시작해, 저녁까지 이동을 완료하였다. 이동수단은 거의 버스였다.

이렇게 제7기갑여단은 제188기갑여단과 함께 제202공수여단장 출신으로 시나이에서 함께 싸웠던 에이탄Rafael 'Raful' Eitan 준장이 지휘하는 제36기갑사단의 지휘를 받게 되었다. 금식일임에도 불구하고 에이탄 준장이 방금 도착한 여단을 방문해 격려해 주었고, 부대원들에게 식사를 하도록 했다. 평소에는 말수가 적은 벤 갈 여단장은 카할라니를 만나서 방어태세를 확인하고는 이렇게 말했다.

"카할라니 중령, 완벽하게 준비되었나? 이제 이곳에서
치열한 전쟁이 벌어질 것일세."

'전쟁' 이라는 말에 중령은 등골이 오싹해졌다. 6일 전쟁 때 심한 화상을 입고 1년 이상 병원에서 고생한 그로서는 당연한 반응이었다. 벤 갈 여단장이 말한 전쟁 시작 시간은 실제보다 꽤 늦은 오후 6

시였다. 그럼에도 이 전쟁이 전면전이라고 믿는 이는 많지 않았다. 시계는 10월 6일 정오를 넘어가고 있었다. 유대인들의 속죄일 욤키푸르Yom Kippur, 아니 그 이름으로 기억되는 현대전쟁의 전설이 시작되었다.

여기서 골란 고원의 지형에 대해 살펴보자. 화산활동에 의해 형성된 골란 고원은 면적이 서울시 면적의 두 배인 약 1,200㎢이고 남에서 북으로 완만하게 솟아오르며, 봉우리들은 서쪽으로는 요르단강 계곡을 남쪽으로는 636년 아랍군이 동로마 제국군을 대파했던 야르무크 계곡을 내려다본다. 그 중에서 북쪽 끝에 있는 해발 2,814m의 헤르몬Hermon 산에는 골란 고원과 시리아 본토를 훤히 내다보는 아주 주요한 관측소가 설치되어 있어 이스라엘의 눈이라고 불렸다.

골란 고원의 지형과 시리아군의 진용

평균 해발 1000m인 골란 고원은 제7기갑여단이 두 차례의 전쟁에서 활약했던 시나이 사막과는 달리 전차 기동에 유리한 지형은 아니었다. 용암이 식어 만들어진 현무암과 돌출된 바위 때문에 많은 지역에서 기동이 불가능했다. 하지만 고원에 널려있는 분화구들은 천혜의 사격진지가 되어 방어에 결정적인 이점을 제공해 주었다. 또한 이스라엘의 큰 이점은 6년 간 건설한 방어선 후방의 촘촘하고 잘 정비된 도로망이었다. 결국 이 도로망이 기적적인 승리를 이끌게 된다.

여기서 상대가 될 시리아군의 면모를 알아보자. 7년 동안 복수의 칼을 간 시리아군의 규모는 엄청났다. 시리아군은 치밀한 기만으로 전차 1,400여 대, 85㎜에서 203㎜에 이르는 각종 야포 950여 문을 갖춘 3개 보병사단(제5, 7, 9사단), 제1,3기갑사단, 3개 기갑여단 등 6만 명 이상의 병력을 3개 축선으로 구분해서 공격대기선에 배치했다. 선봉을 맡은 부대는 3개 보병사단으로 북쪽에서부터 제7, 제9, 제5사단 순이었고 그 뒤에 두 기갑사단과 기갑여단들이 강력한 기동예비로서 대기하고 있었다.

여기서 오해할 수는 있는 부분은 시리아의 보병사단은 웬만한 기갑사단보다 강력한 기계화 부대였다는 점이다. 이 사단들은 2개 보병여단과 1개 기계화 보병여단 및 1개 기갑여단을 보유하고 있었고, 보병과 기계화 여단 역시 40대로 이루어진 전차대대가 있었다. 기갑여단은 역시 40대로 이루어진 전차대대 3개로 편성되어 있었다. 이렇게 편제상으로는 240대를 전차를 보유하고 있었지만 정수를 채운 사단은 제5사단 만이었고, 제7사단은 80%, 제9사단은 50%의 장비만을 보유하고 있었다. 그럼에도 위협적인 화력을 갖춘 강력한 부대임에는 틀림이 없었다. 더구나 기동예비대인 두 기갑사단은 각기 120대의 전차를 갖춘 2개 기갑여단과 1개 기계화 보병여단을 보유하여 250대가 넘는 전차를 자랑했다. 3개 보병사단에 배치된 전차들은 T54/55였지만 후방에 대기하고 있는 기갑사단과 기갑여단의 전차들은 세계 최초로 실용화된 115㎜활강포를 장비한 최신형 T62였다. 또한 73㎜활강포와 새거 대전차 미사일을 장비하고, 완벽한 수륙양용 능력을 갖추었을 뿐 아니라 세계 최초로 실내사격이 가능한 BMP1 보병전투차도 상당수 보유하고 있었다. 이렇게 약 1천 대의 T54/55와 400대의 T62, 그리고 엄청난 수의 보병전투차들은 거대한 강철의 파도가 되어 골란 고원의 이스라엘군을 덮칠 것이었다. 참고로 시리아 공군은 약 300대가 넘는 전투기와 공격기, 경폭격기를 보유하고 있었지만, 질적 열세로 대공미사일과 연계되어 움직이도록 계획되었다. 또한 병사들의 훈련과 사기 진작에도 많은 신경을 써 병사들은 그 전과는 달리 지휘부에 대해 신뢰를 지니게 되었다.

제7기갑여단의 주적은 제7사단이있는데, 여단에게는 사단장인 오마르 아브라쉬Omar Abrash 준장이 미국 지휘참모 대학와 소련 프룬제Frunze 군사학교를 나온 시리아군 최고의 맹장이었다는 사실은 불운이었다. 이렇게 두 개의 '7'이 맞붙는 거대한 드라마[01]는 10월 6일, 오후 2시, 100여 대의 전폭기를 동원한 공습과 50분에 걸친 대규모 포격으로 시작되었다.

전투가 시작되다!! - 10월 6일 토요일

기갑부대의 공격과 함께 헤르몬산에 있는 '이스라엘의 눈'에 시리아 특공대의 공중 기습이 감행되었다. 헬기에 탑승한 시리아 제82특공대대는 이스라엘군을 제압하고 관측소를 점령하는 데 성공했다. 이때 관측병들은 이스라엘군답지 않게 상당히 추태를 보였다고 한다. 관측소에는 각종 첨단 정보 장비들이 설치되어 있었는데, 이것들까지 고스란히 시리아군의 손에 넘어가고 말았기에, 소련 군사 고문관들은 환호작약했다. 이스라엘의 최정예부대 골라니 여단은 바로 탈환을 시도했으나 시리아군의 매복에 걸려 22명

---

01   6년 전 라파 전투에서도 제7기갑여단의 상대는 공교롭게도 이집트 군 제7사단이었다.

의 전사자를 내고 실패하고 말았다. 이 관측소를 빼앗긴 이스라엘 군은 그러지 않아도 포병 화력이 열세였는데, 이 때문에 더 고전해야만 했다. 카할라니가 훗날 회고했듯이 지상전의 왕자라고 하는 전차라도 적의 포병과 항공공격에는 속수무책일 수밖에 없기 때문이다.

제7기갑여단은 카할라니의 제77전차대대 외에 메나헴 라테스 Menahem Ratess 중령이 지휘하는 제71전차대대, 요스 엘다르 Yos Eldar 중령이 지휘하는 제75기계화보병대대, 그리고 하임 바라크 Haim Barak 가 지휘하는 제82전차대대, 마지막으로 아리에 미츠라히 Aryeh Mizrahi 중령이 지휘하는 포병대대였는데, 이 중 제82전차대대는 남쪽을 지키는 제188기갑여단에 배속되었다. 대신 야이르 나프시 Yair Nafshi 중령이 지휘하는 제188기갑여단 소속의 제4전차대대가 제7기갑여단으로 넘어왔다.

제7기갑여단 전력은 100여 대의 센츄리온으로 정면 20㎞ 정도의 쿠네이트라 Quneitra 일대를 방어했지만 제188기갑여단은 80대가 채 안 되는 센츄리온으로 40㎞에 가까운 라피드 Rafid 정면을 방어해야 했다. 물론 이유는 있었다. 이스라엘 군은 제3차 중동전 당시 시리아로 침공하면서 선택한 경로인 브나트 야콥 Not Yaakov 다리 – 나파크 Naffakh – 쿠네이트라를 역으로 공격해올 것이라고 생각했기 때문이었다. 그래서 두 여단을 지휘하는 제36기갑사단 사령부도 나파크에 있었다. 물론 자신들의 공격로였기 때문에 시리아군도 그 경로로 공격해올 것이라고 생각한 것만은 아니었다. 시리아 포대들의 배치가 그 경로에 훨씬 많이 모여 있었고 쿠네이트라가 골란 고원에서 가장 큰 '도시'였기 때문에 상징성도 컸기 때문이었다. 하지만 주공은 최남단의 제5사단이었다. 앞서 말했듯이 일선의 3개 사단 중 유일하게 완편된 이 사단은 송곳 역할을 하면서 돌파구를 뚫고 제2제대와 제3제대가 이 돌파구를 확장하여 골란 고원을 되찾고 7일 밤까지는 요르단 강에 이르고 가능하면 이스라엘 본토까지 밀고 들어가겠다는 것이 시리아군의 의도였다.

아래의 표를 보듯 제7기갑여단은 전력상 엄청난 열세였고, 특히 시리아군이 다량으로 보유하고 로켓 런처 즉 RPG7은 여단에게 큰 위협이 되었다. 하지만 시리아군은 이스라엘군과 싸우기 전에 폭이 6m가 넘고 4m에서 9m 깊이로 판 대전차호와 지뢰지대를 넘어야 했다. 그래서 교량 전차와 지뢰 제거 전차 그리고 공병 차량들이 대거 투입되었다. 제4전차대대의 포수들은 시리아군의 이런 기갑 공병 차량을 최우선 목표로 노렸다. 이스라엘 전차 포수들은 고도의 훈련을 받아서 3,000m 거리에서 이동하는 전차를 명중시킬 수 있는 세계 최고의 포격 솜씨를 가지고 있었다. 시리아군 기갑 공병 차량들은 이렇게 단시간 내에 대부분 파괴되었다. 그럼에도 2개의 교량이 가설되고 전차 중대 하나가 대전차호를 건너왔다. 시

양 부대의 전력비교

구분	제7기갑여단	시리아 제7사단
인원수	4,500명	15,000명
전차	100대	180대
야포	16문 (자주포)	142문
박격포	4문	76문
고사포	16문	78문
대전차포	6문	72문
로켓 런처	10정	540정

리아군이 최종적으로 실패한 이유 중 하나는 이처럼 공병 차량을 잘 보호하지 못해 돌파구를 많이 뚫을 수 없어서 수적 우위를 완전히 활용하지 못한 데 있었다. 하지만 시리아군의 강력한 포병과 보병들이 장비한 RPG7은 제7기갑여단에게 적지 않은 손실을 안겨주었다.

이 때 카할라니 중령이 지휘하는 제77전차대대는 호랑이, 즉 Tiger 라는 별명이 붙은 메이어 자미르_{Meir Zamir} 대위가 지휘하는 중대를 여단 본부에 예비대로 내어주고 격심한 포격을 무릅쓴 채 부스터_{Booster} 고지와 헤르모니트_{Hermonit} 산 사이에 구축된 전차 엄폐호로 이동했다. 어쨌든 시리아 군 제7사단은 해가 질 때까지 4km 정도 밖에 진격하지 못했다. 물론 전투는 시작에 불과했다.

하지만 남부의 제188기갑여단 상황은 전혀 달랐다. 제7기갑여단보다 전력은 적었지만 아래 표처럼 적은 더 많았다. 이렇게 전력차이가 더 큰 데다 설상가상으로 대전차호 같은 방어 시설도 북쪽보다 부실했기에 첫 두 시간 정도는 잘 막아냈지만, 오후 4시가 지

남부전선의 전력비교

구분	제188기갑여단	시리아 제5,9사단
인원수	4,000명	30,000명
전차	77-80대 (96대였다는 설도 있음)	350대
야포	16문 (자주포)	272문
박격포	4문	90문
고사포	16문	140문
대전차포	6문	120문
로켓 런처	10정	1,000정

나자 열세가 역력해졌고, 방어거점들은 철수조차 불가능할 지경이 되었다. 엄청난 수적 우위를 자랑하는 시리아군은 주력이 라피드 Rafid 남부를 향하고 있는 상태에서 적 포병의 집중적인 포격까지 받아 저녁 무렵에는 이미 움직일 수 있는 전차의 수는 15대에 불과할 지경이 되었다. 밤이 되자 상황은 이스라엘군 특히 제188기갑여단에게 더 심각해졌다. 야간 장비의 차이 때문이었다. 시리아군은 조종수와 포수, 전차장에게 모두 야시 장비를 지급했지만 이스라엘군은 적외선 감지 조준경으로 제한적인 감지만 가능했던 것이다.

설상가상으로 마지막 희망인 항공지원조차 대참사로 끝나고 말았다. 이스라엘군은 공군의 지원을 전제로 한 작전계획을 세웠기에 포병이 빈약하다는 이야기는 이미 했지만 제188기갑여단을 지원하러 날아온 스카이호크 4대가 지대공미사일에 여단 병사들의 눈앞에서 모두 격추되었다. 이어서 날아온 두 번째 편대 4대 중 2대도 또 격추당하고 말았다.[02] 여단 예하 제53전차대대를 지휘하는 오데드 에레즈 Oded Erez 중령은 항공지원을 자진해서 포기했다. 절망감이 골란 고원 남부를 감돌 수밖에 없는 상황이었다.

밤낮이 없는 전투

제7기갑여단의 상황은 제188기갑여단 보다는 확실히 나았지만

---

02   이스라엘군도 아랍 쪽이 대공미사일을 대대적으로 도입하고 있다는 사실은 파악하고 있었다. 그러나 이를 방어용이라고만 생각하고 오히려 안심하는 큰 오류를 저질렀던 것이다. 새거 대전차 미사일과 마찬가지로 적을 경시한 결과였다. 미군에서 이적한 아로노프는 아랍의 방공망이 베트남보다 더 조밀했다고 증언했다. 전 세계에서 베트남과 아라브가 방공망을 둘 다 겪어본 이는 그가 유일하다.

어디까지나 상대적인 것이었다. 특히 카할라니가 오기 전 부스터 고지와 헤르모니트 산 사이의 방어를 맡고 있던 제75기계화보병대대는 시리아군에게 당해 대대장 엘다르 중령이 큰 부상을 입고 후송되었을 정도로 큰 타격을 입었다. 시리아군 보병들은 물론 전차병들까지 삽을 들고 대전차호를 메우는 놀라운 투지를 보였기에 밤이 되자 시리아군 제7사단은 대전차호를 극복하고 전차들을 통과시킬 수 있었다. 이제 카할라니는 엘다르 중령의 책임까지 떠맡아야 했다. 여단의 첫 번째 전사자는 전차장 아미르 바샤리_{Amir Bashari} 중사였다. 그는 제대를 겨우 몇 주 남겨둔 고참 선임 부사관으로 거의 15대 1의 열세 속에서 물러설 줄 모르고 싸우다가 전차 표면에 포탄이 작렬하면서 즉사하고 말았다. 그의 시신은 전차 안으로 굴러 떨어졌다. 이 때문에 이후 이스라엘군은 군번줄을 목이 아닌 발목에 차도록 지시받기에 이르렀다. 그럼에도 대부분의 전차장들은 포탑 위에 상체를 내민 채 전투를 감행했다. 전후, 바샤리 중사에게는 무공훈장이 추서되었다.

6일 전쟁 때에도 그랬지만 이 전쟁 때는 전차장들의 사상률이 더 높아 전체 전사자의 60%에 달했다. 그 전에도 이야기했지만 전차장 들이 해치를 열고 포탑 위에 상반신을 내놓은 채 전투했던 이스라엘 기갑부대의 특징 때문이었다. 보다 넓고 먼 시야를 확보하기 위해서이기도 했지만 혼란스러운 전장에서 무선통신이 어려울 경우 수기 신호를 하기 위해서이기도 했고, 때로는 대공사격을 위해서, 또한 구형 전차의 경우는 탐지장비가 약했기 때문이기도 했다. 이렇게 지휘관이 솔선수범하는 분위기는 특유의 저돌성과 맞물려 높은 전과로 연결되었다. 하지만 그런 장점이 있었다면 단점도 당연히 존재했다.

포병의 포격, 저격수의 저격, 전차포 직격이나 기관총 등 여러 공격에 노출되었고, 전차장이 피격되어 크게 훼손된 몸이 전차 내로 떨어질 경우 다른 승무원의 충격이 엄청났다. 물론 전차장의 전사 자체가 오는 손실은 두말할 필요가 없을 것이다. 전차 자체가 파괴되지 않아도 좁은 전차 내부에서 피비린내를 맡아가며 전투를 벌일 강심장은 없다. 더구나 전자 내에서 된 피가 굳으면서 각종 세기를 사용할 수 없게 만드는 경우도 있다. 심한 경우 목이 잘리거나 상반신이 만신창이가 된 시체를 보고 심리적 상처까지 입게 되는 것이다. 실제로 이런 충격은 너무나 강렬해서 전차 자체는 사용할 수 있는데도 불구하고 나머지 승무원들이 공포에 질려 전차를 버리고 탈출하는 경우도 있었다. 전차장이 전사하면 시신을 후송하고, 디젤유로 내부를 세척해서 다른 병사들을 태워 다시 내보낸 경우도 많았다고 한다. 이런 충격과 공포를 딛고 싸운 사람들의 전쟁이 바로 제4차 중동전이었던 것이다.

어둠이 골란 고원을 덮고 있었지만 여단에 지급된 적외선 감지 조준경은 주간이나 조명탄 지원 하에서는 훌륭하게 기능했다. 그러나 여단이 가지고 있는 조명탄은 턱없이 부족했고, 공군이 조명탄을 투하해주었지만 역부족이었다. 여단장 벤 갈 대령은 야간이 되자 주간의 장거리 포격 대신 야시장치의 열세를 감안해 시리아군 전차를 800m 정도로 끌어들여 사격하는 전법을 구사했다. 특히 카할라니 대대장은 수백 개의 고양이 눈[03]을 보고 사격하는 등 임기응변으로 잘 막아냈다. 어쨌든 어둠 속에 수백 수천의 광선과 불꽃은 그야말로 장관을 만들었다. 격전이 벌어지면서 포탄에 맞아 불

타는 양 쪽의 전차와 차량들이 내는 불꽃이 조명효과를 냈다. 저녁 10시부터 맹장 오마르 아브라쉬는 제7기갑여단을 계속 몰아쳤지만 세 시간의 격전 끝에 여단은 많은 손실을 입었음에도 일단 그의 공세를 막아내는데 성공했다.

특히 여단 예비대로 돌려진 자미르 대위가 이끄는 전차중대의 활약은 놀라웠다. 벤 갈 여단장은 새벽 2시 경, 라피드-쿠네이트라 도로를 따라 북으로 이동하는 시리아군의 종대가 관측되었다는 보고를 받았다. 그는 자미르의 중대를 투입하기로 결정했다. 여단장은 적을 저지하라는 명령을 내렸고 그는 분산과 집중, 기동과 매복을 적절히 조화하여 거의 40대의 시리아 군 전차를 파괴하여 적의 진격을 멋지게 저지했다. 이 소전투는 이스라엘군의 소부대 임무형 지휘의 좋은 모델이기도 하다. 여단장은 '무엇이라는' 요소만을 명령했지만 자미르 대위는 '어떻게'를 구체화하여 멋지게 승리한 것이다. 중대장은 당당하게 여단장에게 승리를 보고하면서 추격을 건의 했지만 벤 갈은 거절하고 복귀를 명했다.

"타이거, 나는 네가 정말 소중하다."

그러자 대위는 이렇게 답했다.

"저 역시 여단장님을 소중히 여깁니다."

하지만 그 동안 카할라니는 격전을 치르면서 휘하 중대장 메나 햄 알버트Menaham Albert가 부상으로 이탈하는 아픔을 감수해야 했다. 알버트 본인은 '다마스쿠스까지 진격해야 한다'라면서 후송을 거부했지만 말이다.

한편, 더 어려운 상황에 몰려있는 남쪽의 제188기갑여단은 그야 말로 바람 앞의 촛불 신세였다. 에이탄 장군은 제36기갑사단 사령 부의 행정요원까지 전선에 내보냈다. 그런데 여기서 만화 같은 일 이 벌어졌다. 그 주인공은 3년 전 제7기갑여단에 입대했던 얼굴에 주근깨가 가득한 21세의 츠비카 그린골드 중위였는데, 10월 6일 당 일에는 군사학교 입교 직전이어서 2주간의 휴가를 받아 쉬고 있었 다. 일설에 의하면 캠핑 중이었다고 하는데, 바로 전선으로 나가 기 록에 따라 다르지만, 수리를 어느 정도 마친 전차 몇 대로 부대를 만들어 전투에 나섰다. 그는 그 자리에서 제188기갑여단 부여단장 이자 제7기갑여단 출신의 다비드 이스라엘리 중령에게 '츠비카 전 투단'의 지휘관으로 임명되어 '벼락출세'를 하게 되었다. 곧 전 제 188기갑여단 장병들이 알게 되는 '유령 부대'의 지휘관이 된 것이 다. 그는 밤새 다섯 차례나 (일설에 의하면 여섯 차례) 전차를 바꾸어 타면서 낙오되거나 수리를 받고 복귀하는 전차를 모아 시리아군 전차를 격파하면서 라피드 부근에서 그야말로 종횡무진 활약했다. 심지어 여단장 이츠하크 벤 쇼함_{Yitzhak Ben-Shoham} 대령마저 그의 부대를 중대 병력으로 오해했을 정도였다. 터키 출신인 그는 겨우 두 달 전 에 여단장이 되었다. 소대 규모를 넘지 못한 그의 '전투단'은 대규 모 증원 병력이 온 것 같은 착각을 시리아 군에게 주어 시간을 버는 데 결정적인 공헌을 했다. 그의 전과는 본인의 증언으로는 20여 대, 다른 증언에서는 40여 대를 격파했다고 한다.

전쟁이 시작된 지, 반나절 밖에 지나지 않았지만 놀랍게도 이스 라엘 동원 예비역 부대들이 소규모이긴 하지만 투입되기 시작했다.[04] 전쟁 발발과 동시에 긴급 소집된 이스라엘 예비군들은 집결지에 도착하는 대로 임시 조로 편성, 전차에 탑승하고 골란 고원 전선으로 급파되었다. 6일 전쟁 당시에는 최소 열흘, 최대 3주간 훈련을 할 시간이 있었지만 이번에는 미리 편성된 각 전차의 원래 조원들이 모두 도착하기를 기다려 투입할 여유조차도 없었다. 기관총 설치나 전차포의 영점 잡기조차도 모두 생략했을 정도였다. 어쨌든 병력의 동원은 신속하게 이루어졌지만 장비는 그렇지 않았다. 비축한 장비 중 상당량은 유지 관리가 제대로 되지 않아 사용할 수 없었고, 심지어 부대 편성은 완료되었지만 전차포탄을 나를 지게차가 부족해서 무려 9시간이나 출동이 늦어진 경우도 있었다!! 이스라엘군이라고 모두 완벽하지는 않았다는 좋은 증거다. 그럼에도 그들은 반나절 만에 군복 입은 민간인에서 군인으로 변신하는데 성공했다. 첫 번째로 전투에 참여한 부대는 제17동원기갑여단 이었다. 이 여단의 대대장이었던 우지Uzi 중령은 7대의 전차를 이끌고 밤 10시에 전투에 참가해 3시간 동안 시리아군의 공격을 저지하여 결정적인 시간을 벌어주었지만, 새벽 1시에 중령의 부대는 전멸했고 그의 전차 역시 RPG-7 대전차 로켓을 맞고 전차 밖으로 나가떨어져 두 눈과 왼팔을 잃고 말았다. 다음 주자는 제7기갑여단 소속으로 6일 전쟁에서 가장 격렬했던 라파 전투의 선봉장이었던 오리 오르 대령이 지휘하는 제79기갑여단(일부 자료에서는 제679기갑여단)이었다. 그 부대가 장비한 전차는 디젤로 교체하지 못한 가솔린 엔진 그대로인 센츄리온이었다. 오르 대령도 이 전차가 많은 문제가 있음을 잘 알고 있었지만 말 그대로 찬밥 더운밥 가릴 처지가 아니어

---

04 아단 장군은 자신의 저서에서 전차를 운반하는 대형 트럭이 줄이어 가는 모습이 무척 인상적이었다고 회고하였다.

서 급한 대로 20대를 모아 새벽 2시에 첫 전투에 임하게 되었다.

10월 7일 오전, 붕괴 직전의 전선

제188기갑여단과 동원부대가 분투했음에도, 시리아 제5사단은 돌파에 성공해 새벽이 밝아오는 갈릴리 호수와 티베리아스_{Tiberias} 시의 절경을 육안으로 볼 수 있었다. 시리아군은 후방의 기동예비인 제1기갑사단과 제3기갑사단의 제15기계화보병여단을 라피드 돌파구에 투입했다. 그들의 전차는 600대 이상이었다. 반면 이스라엘 군이 당장 쓸 수 있는 전력은 에레즈 중령의 전차 12대와 방금 투입되기 시작한 소수의 동원부대가 전부였다. 그나마 M109 자주포의 지원사격이 그나마 도움이 되었는데, 이 자주포는 백린소이탄을 적 전차의 상부 연료주입구 부근에 명중시키는 놀라운 기량을 보였으나 백린소이탄 자체가 얼마 없어 결정적이진 못했다.

하지만 이스라엘군의 저력은 무서웠는데, 만화 같은 이야기가 츠비카 그린골드로 끝나지 않아서다. 당시 모험가답게도 오지 중의 오지인 히말라야에서 신혼여행을 즐기던 28세의 '요시' 벤 하난 중령은[05] 오토바이를 타고 중국 국경까지 갔다가 운명의 장난인지 욤 키푸르 날에 카트만두로 돌아왔다. 그 순간 호텔 안내원이 전쟁이 일어났다는 소식을 전해주었다. 하난 중령은 모든 방법을 동원

---

[05] 이스라엘인 특히 막 제대한 청년들은 인도와 네팔 여행을 즐겼다. 긴장 속에 살았던 공격적인 그들도 이런 휴식이 필요했던 듯하다. 하난의 절친 중 하나가 소장으로 퇴역한 메이어 다간Meir Dagan인데, 1995년 둘은 오토바이를 타고 18개월 예정인 아시아 평원 여행에 나섰다가 라빈의 암살 소식을 듣고 귀국했다. 훗날 다간은 모사드 국장을 맡아 이란 핵 개발을 저지하려는 무자비한 비밀공작을 지휘했다.

하여 테헤란과 아테네를 거쳐 이스라엘로 돌아가는 비행기를 간신히 탈 수 있었다. 아테네에서 집에 전화를 걸어 전투복과 군장을 비행장으로 가져오도록 했다.

한편, 북부전선을 맡고 있는 제7기갑여단 역시 밤새 무시무시한 전투를 치르며 얇디얇은 방어선을 겨우겨우 지탱하고 있었다. 제7사단장 아브라쉬 장군은 최전방에서 휘하의 제78기갑여단을 이끌고 다시 공격에 나섰다. 카할라니는 시리아군의 공격로인 이름 없는 계곡에 '눈물의 계곡'이란 이름을 붙였다. 이 지역에서 벌어진 전투는 오후 1시까지 이어졌다. 헤르몬산의 관측소에서 지시하는 시리아군의 포격은 정확했고, 제77전차대대의 중대장 야이르 스웨트_{Yair Swet} 대위가 전사했다. 이런 엄청난 손실을 입으면서도 제7기갑여단은 아브라쉬의 공격을 막아내는 데 성공했다. 전차 안의 포탄이 떨어지면 지프를 탄 병사들이 부서진 전차 안의 포탄을 긁어모아 보급해줄 정도였다. 하지만 여단의 전차병들은 보병에 철갑탄을, 전차에 유탄을 쏘아 포탄을 낭비하는 경우도 적지 않았다. 반대로 시리아군은 이미 나가떨어진 센츄리온이 살아있는 줄 알고 포격을 집중하는 헛수고를 하면서 포탄을 낭비하는 경우가 많았다. 하프트랙 앰뷸런스에 탄 의무반도 몸을 사리지 않고 부상병들을 후송하고 돌보면서 임무를 다했다. 참고로 이스라엘군 야전 의무반은 현장에서 응급수술을 할 정도의 능력을 지니고 있다. 어쨌든 24시간 가까이 이상 먹지도 쉬지도 씻지도 용변도 보지 못한 것은 물론 전차밖에 나가보지도 못한 여단의 전차병들은 약간의 휴식이나마 누릴 수 있었다.

한편 다얀 국방장관, 엘라자르 참모총장과 탈 참모차장이 이끄는 이스라엘군 최고 사령부는 골란 고원과 같은 시간에 시작된 이집트군의 대공세 즉 수에즈 운하 도하가 성공적으로 이루어져 큰 충격을 받았지만, 시나이반도라는 완충지대가 있는 남부 전선보다 폭이 20㎞ 정도에 불과한 골란 고원에 동원부대들을 최우선적으로 투입하기로 결정했다.

7일 오후 1시 30분 경, 벤 갈 여단장은 카할라니 대대장을 텔 바론 교차로에서 만났다. 벤 갈은 부하의 분투를 칭찬하자마자 곧 시리아군의 공세가 바로 이어질 것이라고 알려주었다. 이미 중대장 중 한 명이 전사하고 한 명이 후송된 카할라니에게는 악몽 같은 소식이었다. 당시 시리아군은 하루 만에 400대에 가까운 전차를 잃었지만 아직도 1,000대가 넘는 전차 전력을 보유하고 있었다.

제188기갑여단 지휘부의 최후

제7기갑여단은 휴식시간을 이용하여 배를 채우고 파손된 전차를 수리했다. 그리고 전차포탄과 기관총탄을 채워 넣었다. 큰 타격을 입거나 부대장이 전사한 부대는 즉시 재편되었고 격추된 F4팬텀기의 조종사를 구출하기도 했다. 하지만 남부 고원의 제188기갑여단의 상황은 전혀 그렇지 않았다. 당시 제188기갑여단은 일단 행정상으로 제21동원기갑사단(일설에 의하면 제240동원기갑사단)에 예하로 들어갔다. 6일 전쟁 때에는 여단장으로 골란 고원에서 싸우고 북부군 사령관을 지냈다가 불과 8개월 전에 퇴역했다가 5개월 전에 엘라자르 장군의 부탁으로 복귀한 단 라너_{Dan Laner} 장군이 이 사단의 지휘봉을 잡았기에 이후에는 라너 사단이라고 칭하도록 하겠다. 이 사단은 제188기갑여단 외에도 제14,17,19 동원기갑여단을 예하에 두었지만 정수를 채운 부대는 거의 없었고 여단이라 해도 잘해야 대대 규모에 불과했기에 7일 정오까지 라너가 전선에 투입한 전차는 60대 정도였다. 그 뒤를 이어 시나이 전선에 투입 예정이었던 모셰 펠레드 준장이 지휘하는 제146동원기갑사단(일설에 의하면 제14동원기갑사단, 이후에는 펠레드 사단이라고 칭함)이 골란 고원에 투입되었으며, 공군력 투입도 골란 고원 쪽이 우선시되었다. 제147동원기갑사단의 부사단장은 아리에 샤캬르Arye Shakhar 대령이었는데, 무려 13년 전에 제7기갑여단장을 지냈던 인물이었다. 펠레드 준장은 대령 시절, 도하장비 도입을 주장했었는데, 정작 열흘 후 일어난 수에즈 운하의 도하는 다른 장군들에게 맡기고 골란 공원으로 달려간 것이다. 어쨌든 동원기갑부대들은 수십 대의 시리아군 전차를 격파하며 분전을 거듭했다. 그들의 분투가 없었다면 시리아군은 틀림없이 요르단 강에 도달했을 것이다.

하지만 이런 동원기갑부대들의 분투에도 불구하고 남부 일대의 방어선은 그야말로 풍전등화였다. 선봉인 제5사단이 개척한 통로를 타고 제2제대로 편성된 시리아 제51기갑여단과 제3제대인 제1기갑사단의 선봉이 제188기갑여단 사령부가 있는 나파크 인근까지 진격하고 있었기 때문이었다.

정오 무렵, 사단장 에이탄 장군이 헬리콥터를 타고 전선에 도착하여 여단장 벤 쇼함 대령에게 후퇴하여 나프케 주변을 방어하라고 지시했다. 쇼함은 이 위기를 막기 위해 패잔병들을 규합하고 나파크에 도착한 소규모의 제79동원기갑여단 선발대를 라피드와 나파크 사이에 있는 후쉬니야Hushiniya 에 배치해서 시리아 군의 공세를 차단하고자 했고 부여단장 이스라엘리 중령에게 엄호를 명령했다. 하지만 부여단장이 적과 마주쳤다는 보고 후 몇 분 만에 무선이 끊겼다. 그는 나페크 3km 앞까지 시리아군 제3제대의 일부가 돌입하려 하자 포탄이 바닥난 상태에서 최후의 순간 단 한 대라도 막기 위해 시리아군 전차를 동체충돌하려다가 포격을 맞고 전사하고 말았다. 여단장은 무전을 보냈지만 부여단장의 운명을 알 수 없었다. 몇십 분 후, 벤 쇼함 대령마저 나파크 300m 전방에서 파손된 시리아군 전차가 쏜 기관총탄에 맞아 전사하고 말았다. 그의 작전참모 베니 카친Benny Katzin 소령도 여단장과 운명을 같이 했다. 지휘부까지 최전선에서 싸워야 할 만큼 긴박한 상황에서 제188기갑여단의 세 지휘관들은 결국 엄청난 열세 속에서 후속부대가 도착해 전황을 역전할 수 있는 시간을 벌기 위해 목숨을 바친 것이다. 이런 분투 자체도 대단하지만 제188기갑여단은 이렇게 지휘부가 사라지고 장교들의 전사상률이 거의 90%에 달했지만 지휘체계의 단절로 이어지지 않고 완전히 붕괴되지 않았다는 사실은 이스라엘 군이 진짜 강군이라는 증거가 아닐 수 없다. 그 군대의 진정한 면모는 승리할 때가 아니라 패배할 때 나타나는 법이다.

갈 때까지 가는 전쟁

벤 쇼함 대령과 이스라엘리 중령이 장렬하게 전사하자 나파크를 방어할 병력은 남아있지 않았기에, 에이탄 준장의 지휘부는 나파크를 탈출하여 북쪽으로 지휘소를 옮겨야 했다. 시리아군의 진격을 저지하기 위해 행정병까지 바주카포를 들고 싸워야 할 정도였다. 이렇게 나파크는 시리아군의 맹공을 받았지만 최소한 대대 규모는 갖춘 제79동원기갑여단이 달려들어 함락은 겨우 면할 수 있었다. 시리아군도 승기를 놓칠 수 없었기에 공격을 계속하여 전투는 더욱 치열해졌다. 하지만 전차포술에 있어서는 동원부대라고 해도 이스라엘 쪽이 한 수 위였고, 손실 비율은 거의 10대 1에 가까웠다. 오히려 이스라엘 전차부대의 주적은 시리아 보병의 RPG-7 대전차 로켓과 새거 대전차미사일이었다. 특히 새거 대전차미사일의 긴 사정거리와 파괴력은 이스라엘 전차부대를 당혹시키기에 충분했다. 사실을 따지면 이 미사일은 이미 소모 전쟁 때도 등장했기에 아주 낯선 무기는 아니었다. 하지만 이스라엘군은 상당한 숙련도와 용기가 필요한 이 무기를 아랍군이 대규모로 사용할 것이라고 믿지 않았다. 즉 적을 경시했던 셈이었다.

어쨌든 이스라엘의 방어선은 여전히 언제 무너질지 모르는 상황이었고, 이스라엘 군 참모본부는 요르단강까지의 철수와 교량의 파괴는 물론 핵병기의 사용까지 각오하고 있었다. 실제로 네게브 사막에 있는 디모나Dimona 비밀공장에서는 13발의 공군용 전술 핵폭탄이 조립되어 병기고에 옮겨지기까지 했다고 한다. 다행히 전황이 호전되어 쓸 일이 없게 되었지만 말이다. 일설에 의하면 다얀 국방장관은 기원전 586년 바빌로니아, 기원후 70년 로마에 의한 성전의 파괴 후 세 번째 파괴를 막을 마지막 방법이라고 했다고 한다.

어쨌든 골란 고원 남부는 제188기갑여단의 생존자들과 '츠비카 부대' 그리고 닥치는 대로 투입된 동원부대의 분전으로 거의 하루를 지탱할 수 있었다. 그 사이 라너 사단과 펠레드 사단의 주력이 도착하여 시리아군 제2제대, 제3제대가 감행한 가공할 공세를 막아냈으며, 황혼 무렵까지 150대의 시리아군 전차가 격파되었다. 물론 이스라엘군 역시 제17동원기갑여단장 란 사리그Ran Sarig 대령이 중상을 입어 후송될 정도로 엄청난 혈투를 치러야 했다.

이런 방어의 성공에는 강력한 이스라엘 공군의 집중 투입이 큰 도움이 되었다. 당연히 시리아군도 강력한 방공망을 동원해 반격하여 10월 7일 하루만 해도 F4팬텀만 여섯 대를 격추시킬 정도였으니 이스라엘 공군 역시 큰 대가를 치러야만 했다.

양군이 그야말로 국운을 건 대전투를 치르고 있던 그 시간, 전선에서 40㎞나 떨어져 있는 카타나Katana 에시 시리아 국방장관 겸 야전군 총사령관인 무스타파 틀라스Mustafa Tlas 장군과 참모총장 유세프 차쿠르Youssef Chakkour 장군과 전방 부대장 등 수뇌부가 모였다. 사실 이런 회의가 전투 중 후방에서 열렸다는 것 자체가 문제였다. 정치군인 틀라스는 후방의 정치적 통제와 전장의 지휘라는 두 마리 토끼를 동시에 잡으려고 다마스쿠스와 전방 중간에서 이런 회의를 연 것이다. 때문에 야전부대장들은 귀중한 시간을 낭비하고 말았다.

더구나 회의 결과는 최악 즉 진격 중지 명령이 나오고 말았다. 물론 이 명령은 전투의 중지가 아니라 큰 손실에 따른 재편성에 가까운 것이지만 속된 말로 그냥 '닥돌' 하려는 명령보다 훨씬 어리석은 짓이었다. 그러지 않아도 교본대로 밖에 움직일 줄 모르는 시리아군은 적의 저항이 없음에도 후속부대를 기다리곤 했는데 이런 명령은 시리아군의 발을 묶어놓은 것이나 다름없었던 것이다. 더구나 틀라스는 강력한 예비대인 제3기갑사단의 주력을 남부 전선에 쓰지 않고 제7기갑여단이 지키고 있는 북부로 투입하는 어리석음까지 저질렀다. 그의 오판은 엄청난 대가를 치르게 되지만 당장 제7기갑여단은 당장 엄청난 대전투를 치러야할 운명이었다.

10월 7일 밤 10시, 시리아군의 제7사단과 제3기갑사단은 다시 제7기갑여단을 향한 맹공격에 나섰다. 두 사단 외에도 시리아군 최정예로 알려진 공화국 친위여단 (통칭 아사드 여단)까지 전선에 투입되었다. 특히 카츄사 방사포 로켓을 포함한 엄청난 포병 화력을 집중시켰는데, 사실 여단의 사상자 중 절대 다수는 전차보다는 이 포격에 의해 발생하였다. 벤 갈 대령은 노련하게 방어전을 펼치면서 병력을 최대한 아꼈고 특히 아무리 소수라도 예비대는 반드시 손에 쥐고 있다가 적절한 시기에 투입했다.

프리드리히 대왕Friedrich der Große 등 수많은 명장들이 예비대의 중요성을 강조하긴 했지만 실제로 병력이 부족한 극한의 상황에서 그걸 실현하기란 단순한 군사적인 능력을 넘어서는 역량이 필요한 것이다. 그것도 자신들보다 압도적인 우세를 보이는 적들에게서 예비대 운용을 포기하지 않은 이스라엘군 지휘부의 역량은 정말 어떤 찬사를 받아도 부족하지 않을까?

그렇지만 그의 이런 전술은 여단 정비부대의 초인적인 노력이 없었으면 불가능했을 것이다. 이스라엘 기갑정비부대의 실력은 정평이 나 있었지만 1973년 10월, 골란 고원에서만큼 그들의 능력이 빛난 던 적은 없었다. 전투 시작 당시 100대를 헤아렸던 여단의 전차는 거의 10대 1 이상의 열세 속에 50대를 넘지 못했지만 이마저도 그들의 노력이 없었다면 절대로 유지되지 못했을 것이다. 사실 정비부대는 현대전에서 공병과 함께 전투의 승패를 좌우하는 중요한 병과지만 그다지 대중들에게는 알려져 있지는 않다.

전차전은 30m 정도의 초근거리부터 2,500m가 넘은 장거리까지 다양하게 벌어졌고 RPG-7를 장비한 시리아 보병들의 육박전도 자주 벌어졌다. 야시장비가 없었고 조명탄이 부족한 여단이었지만 명중률은 시리아군보다 월등했다. 전투는 8일 밤 1시 경에 극한까지 올랐다가 시리아군이 재정비를 위해 일시적으로 철수하면서 잠시 소강상태를 맞았다. 벤 갈 대령은 포병에게 지원사격을 요청하고 재급유와 재무장을 실시했다.

시리아군 역시 재정비를 하고 새벽4시에 다시 공세에 나섰다. 이스라엘군 입장에서는 처음 보는 새거 대전차 미사일 6발을 장비한 BRDM2 장갑차도 등장했다. 이를 목표로 전차포탄을 퍼부었지만 차고가 낮아서 거의 명중시키지 못했다. 그럼에도 승리는 제7기갑여단의 것이었다. 날이 밝으면서 눈물의 계곡에 엄청난 '장관'이 펼쳐졌다. 130대가 넘는 시리아군 전차와 장갑차가 파괴되어 곳곳에 널려 있었던 것이다. 그 사이 2년 전 여단에서 부대대장으로 근무했던 요나 테렌Yona Teren 소령이 복귀하여 일개 전차장으로 전투에 참여했을 뿐 아니라 오후에는 부상당해 후송당한 요스 엘다르 중령이 병원에서 '도망쳐' 나와 전선에 '복귀' 했다.

The Thin Red Line

엄청난 선전에도 불구하고 제7기갑여단이 궁지에 몰려 있었고 방어선은 너무나 얇은 것이 현실이었다. 한 번만 제대로 밀어붙이면 돌파는 확실했기에 제7사단장 아브라쉬 장군은 마지막 일격을 준비하고 있었다. 유리한 적외선 장비를 활용하기 위해서 야간에 전차와 보병이 협조하여 정면과 측면을 차례로 공격했다. 이미 51시간 이상을 계속 싸우고 44시간 이상 식사를 제대로 하지 못해 지칠 대로 지친 여단 장병들은 포탄과 방사포 로켓이 일으키는 폭음에도 신경이 무디어졌고 거의 반사적으로 포탄을 쏘아대고 있었다. 하지만 그들이 그렇게 쏜 포탄 중 한 발이 전투의 향방을 바꾸고 말았다.

빈사 상태의 이스라엘 제7기갑여단을 향해 맹공을 가하던 사단장 아브라쉬 준장이 탑승한 전차가 이스라엘군의 APDS탄에 직격당해 전차는 폭발했고 장군은 전사하고 말았던 것이다. 이렇게 아브라쉬가 지휘하는 몇 차례에 걸친 집요한 공격이 멈추어 버렸다. 운명의 여신은 제7기갑여단 편이었고, 이렇게 시리아는 중대한 승기를 놓쳐버렸다.

물론 그렇다고 다른 부대들의 공세 자체가 멈춘 것은 아니었다. 엘다르 중령의 제75기계화보병대대가 지키고 있는 헤르모니트 능선 쪽으로 공세가 계속되었고 부족했던 조명탄이 완전히 소진되어 여단은 다시 심각한 위협에 노출되었다. 그래도 벤 갈 여단장은 그동안 부스터 능선과 눈물의 계곡에서 수백 대의 시리아군 전차들과 격돌해 전선을 사수한 카할라니 대대를 휴식시키고, 최후까지 아껴두었다. 그 효과는 바로 다음날 나타난다. 아브라쉬 사단장의 전사로 공격을 미룬 시리아군이 9일 9시 무지막한 공세를 시작했기 때문이었다.

지금까지의 포격을 무색하게 하는 강력한 포격이 쏟아졌고 미그 전투기들이 저공비행을 하면서 폭탄을 투하했다. 폭음 소리에 귀가 멍해진 벤 갈 여단장은 포격이 끝나고 나서 되돌아 갈 시간은 충분하다는 판단으로 카할라니 대대를 천연 엄폐호가 있는 현 위치를 떠나 500m 후방으로 후퇴하라고 명령했다. 하지만 빠른 속도로 달려든 시리아군이 능선을 장악하면서 방어선 돌파는 초읽기에 들어갔다. 더구나 갑자기 시리아군 헬기 8대가 날아올라 여단 장병들의 바로 머리 위를 지나갔다. 후방에서 전선을 흔들겠다는 의도였다. 카할라니는 전차 주포로 헬기 격추를 시도했지만 실패하고 말았다. 하지만 다른 전차에 의해 한 대는 격추되었고 4대는 특공대원들을 착륙시켰다. 벤 갈 여단장은 이번에는 반드시 방어선을 돌파하겠다는 시리아군의 의지를 똑똑히 느낄 수 있었다. 다행히 헬기로 침투한 시리아 특공대원들은 거의 전멸하고 말았다.

헤르모니트 산기슭의 방어선을 돌파한 공화국 수비대의 T62전 차들이 쏟아져 나오자 벤 갈 대령은 제71전차대대를 투입하였지만 몇 분만에 내내장 메나헴 라테스 중령이 전사하고 말았다. T62 전 차의 115㎜ 활강포가 보여준 파괴력은 이스라엘 전차병들에게 큰 충격을 안겨주었다. 설상가상으로 제4전차대대의 야이르 나프시 중령이 전사했다는 소식까지 들려왔지만 다행히 그의 전차가 피격 당해 부상당하기는 했지만 건재하다는 사실이 밝혀졌다. 벤 갈은 카할라니에게 제71전차대대까지 지휘하라고 명령했다. 카할라니 는 15대의 전차로 공화국 친위여단의 전차들을 저지했는데 양쪽의 거리는 500m도 되지 않았다. 여단의 전차들은 거의 360도로 포탑 을 돌리며 전투를 할 정도로 완전한 혼전상태에서 시리아 군 전차 몇 대는 이미 전선을 돌파해 여단의 후방으로 진출해 있었다. 더구 나 여단의 전차들에게 남은 포탄은 평균 4발에 불과했다.

이제 벤 갈은 마지막이란 현실을 인정해야만 했고, 더 지탱할 수 없으니 후퇴하겠다고 사단장 에이탄에게 울부짖었다. 그래도 그 전에는 40대 수준을 유지했지만 이제 그에게 남은 '멀쩡한' 전차는 7대에 불과했다. 에이탄은 그를 진정시키며 딱 30분만 버티면 증원 부대가 도착할 것이라고 약속했다. 그리고 거의 기적처럼 그 때 증 원부대가 도착했다. 더구나 그 부대의 지휘관이 방금 귀국한 벤 하 난 중령이었다는 사실은 그야말로 드라마가 아닐 수 없었다!

공항에 도착하자마자 가족들이 가져온 군복을 갈아입은 벤 하 난은 바로 골란 고원의 북부 사령부로 달려갔다. 그곳에서 모든 이야기를 들었을 때가 10월 9일 아침이었다. 그는 바라크 여단 사령부에서 유일한 생존자인 도브Dov 소령을 만났고 그가 모아 정비를 끝낸 13대의 전차와 병사들을 인계받아 바로 전선으로 달려 간 것이다. 도브 소령은 여단장과 부여단장, 작전참모의 시신을 전사 다음날인 10월 8일에야 수습할 수 있었다. 그의 병사들 중 상당수는 병원 침대에 누워 있다가 스스로 일어난 지원자들이었다. 그가 전선에 도착한 순간, 제7기갑여단은 말 그대로 전멸 직전이었다. 자미르 대위의 타이거 중대는 포탄이 완전히 떨어져 주머니에 수류탄을 채우고 있었을 정도였다. 벤 하난의 전차부대는 전선에 도착하자마자 바로 30대의 시리아군 전차를 격파했다.

시리아군 역시 전투에 지쳤기에 벤 하난의 부대를 대규모 증원 부대의 도착으로 오인하고 철수하기 시작했다. 이제 그들에게 다시는 승리의 기회가 오지 않았다. 벤 갈 여단장은 이렇게 회고했다.

"상대방이 어떤 처지인지는 알 수 없는 법입니다. 언제나 자기보다 나으려니 생각하기 마련이죠. 시리아인들은 성공의 기회가 사라졌다고 헛짚었던 게 분명합니다. 그들은 우리가 절망적인 상황이라는 사실을 몰랐어요."

이렇게 제7기갑여단의 방어전은 끝났다. 기갑전 역사상 가장 위대한 방어전은 에이탄 장군이 여단 장병들에게 한 이 말로 요약할 수 있을 것이다.

"그대들이 이스라엘을 구했다!"

고비를 넘긴 직후의 카할라니. 전투의 피로가 그대로 느껴진다.

그들은 거의 모든 전차를 잃었지만, 눈물의 계곡에서만 260대가 넘는 시리아군 전차와 그와 거의 맞먹는 숫자의 장갑차량을 격파했다. 하지만 이런 숫자상의 전과보다 그들이 시리아의 대군을 저지했다는 결과 자체가 지난 세 전쟁의 모든 기동전을 통해 거둔 승리를 합친 것보다 더 위대한 승리였다. 여단은 시리아의 두 기갑사단 중 하나, 두 독립기갑여단 중 하나, 세 개의 기계화보병사단 중 하나, 그리고 최정예 공화국 수비대 아사드 여단과 싸운 것이다. 즉 조공이라 해도 거의 40%에 달하는 대군을 혼자 막아낸 것이고, 남부 골란 고원에선 2개 기갑사단 규모의 7개 기갑여단이 나머지 60%와 싸우고 있었으니 제7기갑여단은 다른 기갑여단 하나가 맡은 적보다 다섯 배나 많은 상대를 만나 극복한 셈이었다. 이 덕분에 동원기갑여단들은 낙후된 장비였지만, 제7기갑여단이 조공을 막아준 덕분에 배후 걱정 없이 신속히 반격을 수행할 수 있었던 것

·격파된 시리아 군의 전차들

이다.[06] 세계사에 남을 전쟁 중에서 한 사단이나 여단이 할 수는 있는 일은 거의 없다. 하지만 1차 대전 갈리폴리 전투에서 무스타파 케말이 지휘하는 제19사단의 단호한 반격과 한국전쟁 당시 장진호 전투에서 미 제1해병사단의 분투가 전쟁의 흐름을 바꾸었듯이 제7기갑여단도 그 드문 일을 해내어 현대 기갑전 역사상 가장 성공적인 방어전을 승리로 이끈 것이다. 더구나 그들의 분투는 조국의 핵무기 사용을 막아내기까지 했다.

시리아 본토로의 진격

10월 9일 오후, 고비는 넘겼지만 제7기갑여단 장병들은 보급과

---

06   이스라엘군은 골란 고원 전선에는 지형을 고려하여 패튼 시리즈는 한 대도 투입하지 않고, 센츄리온과 셔먼만 투입했다.

재정비를 위해 정신없이 뛰어다녀야 했다. 한 편, 그 사이 골란 고원 남부 전선의 전황은 어떻게 돌아가고 있었을까? 10월 9일 새벽, 7개 여단으로 구성된 라너와 펠레드의 사단이 시리아 군의 주력인 제1기갑사단에 대한 포위전을 개시했다. 라너 사단의 제79기갑여단이 텔 람타니아Tel Ramtania를 공격했지만 방어선의 최전선인 이곳은 시리아군의 제132기계화여단과 제46전차여단, 제40기계화여단이 각각 남동, 남쪽, 남서에 배치되어 전차와 대전차포, 대전차 미사일과 RPG-7로 무장하고 탄탄한 방어선을 치고 있었다. 겨우 밤이 되어서야 가까스로 텔 람타니아를 점령한 이스라엘군은 상당한 대가를 치러야 했다. 오르 여단장은 2명의 중대장을 잃었다. 전에는 낮은 평가를 받은 장교들이 잘 싸우기도 했고, 반대의 경우도 있었다. 무작위로 한 전차에 타는 경우도 많았지만, 대체로 잘 싸웠다. 그래서 오르 여단장은 부대를 재조직하지 않고 그대로 싸우도록 하였다. 그것이 더 자연스러웠기 때문이었다.

이 때 제17동원기갑여단은 부상당한 사리그 여단장이 복귀해 있었다. 사실 촉망받는 작곡가이기도 했던 그의 동생은 제188기갑여단의 장교로서 시리아 군의 대공세를 막아내다가 전사하고 말았다. 그래서 엘라자르 참모총장은 그에게 더 이상 전투에 참가하지 말라는 명령을 내렸지만 그의 대답은 이러했다.

"나는 어린애가 아니다. 이 전쟁은 이스라엘 전 국민이
치르고 있는 전쟁이다. 아무도 나에게 그런 명령을 내릴
수 없다!"

다음날인 10월 9일 새벽 4시부터 펠레드 사단은 후쉬니야 남부 및 측면에 대한 공세를 시작했다. 시리아군의 보급기지가 있던 후쉬니야를 방어하던 시리아 군은 격렬하게 방어했으며 쌍방 간 많은 피해가 발생했지만 이스라엘군의 공격이 먹혀 들어가면서 포위망이 완성되기 시작했다. 거기에 이스라엘 공군이 후쉬니야 일대에 집중적인 폭격을 가하면서 시리아 제1기갑사단은 사단장 투피크 주니_{Tewfiq Juhni}의 분투에 불구하고 10월 10일 저녁까지 사실상 전멸하고 말았다. 이제 10월 6일 이전의 휴전선 서쪽에 시리아군은 포로를 제외하고는 하나도 남지 않게 되었다. 7년 동안 심혈을 기울여 준비한 공세는 이렇게 패배로 끝나고 만 것이다.

10월 10일 오전, 엘라자르 참모총장과 라빈 전 참모총장 등 최고 수뇌부는 헬리콥터를 타고 나파크에 도착했다. 당연히 골란 고원의 사단장들과 여단장들도 모였는데, 벤 갈의 수척한 얼굴은 엘라자르 등에게 강한 인상을 주었다. 내용은 회복한 휴전선을 따라 진지를 강화할 것인지, 시리아 영토로 계속 진격할 것이지 둘 중 하나의 선택이었다. 아직도 시리아군의 전투력이 상당히 남아있으므로 격멸해야 한다는 쪽으로 의견이 모아졌지만 어느 정도까지 진격해야 하느냐에 대해서는 의견이 갈라졌다. 아예 수도 다마스쿠스까지 함락시키자는 강경론도 있었지만 그럴 경우 소련의 직접적 군사개입이 확실했고 인구 백만에 가까운 대도시를 점령해 유지할 능력이 이스라엘군에게는 없었으므로 각하되었다. 대신 참모본부에서 작성한 타협안이 다얀을 통해 메이어 총리에게 전달되었다. 휴전선을 넘어 진격하여 시리아군의 남은 전력을 분쇄하고 다마스쿠스 20km 전방까지 진격하여 175㎜자주포의 사정거리에 넣자는 것이었다. 이 안은 소련의 개입을 초래하지 않으면서도 시리아에게 치명적인 패배를 안겨줄 수 있었다. 메이어는 이를 수락했고 곧

세부적인 작전안이 수립되었다.

벤 갈 여단장은 10월 10일 저녁, 휘하 대대장들과 참모들을 모아 시리아 본토 진격 계획을 알려주고 작전 준비를 명령했다. 당시 부하들은 피곤에 찌들어 겨우 눈을 뜨고 있었는데 이들을 지켜보던 여단장은 부하들이 너무 잘 싸워주었다고 생각하니 감정이 솟아올랐다. 이어지는 벤 갈 여단장의 훈시는 모든 장교들을 감동시켰고 그들은 쓰러져간 전우들의 복수를 다짐하며 전투준비에 들어갔다.

여단은 기존의 제4,77전차대대와 제75기계화보병대대와 미츠라히의 포병대대 외에 벤 하난의 대대와 아모스 카츠_{Amos Katz}가 지휘하는 동원예비군 대대로 재편되었다. 카츠 중령 역시 미국에 있다가 가족을 비롯한 전부를 내던지고 귀국해서 자기처럼 해외에서 귀국한 동원예비군들을 모아 부대를 편성해 지휘관을 맡고 있었다. 가장 분투한 제77전차대는 3개 중대로 줄어들어 각기 아브라함 '에미' 팔란트_{Avraham 'Emmy' Palant} 대위와 암논 라비_{Amnon Lavie} 대위, 에프라임 라오르_{Ephraim Laor} 대위가 지휘했다. 그들의 공격은 다음날인 10월 11일 오전에 시작될 예정이었다. 사실 엄청난 전투를 치른 여단에게는 가혹한 작전이었지만 소련이 항공기와 선박으로 중장비를 시리아에 대량으로 보내고 있었기에, 시리아 군에게 재정비할 여유를 주지 않기 위해서는 불가피한 측면이 있었다.

10월 11일 오전 11시, 제7기갑여단은 마즈렛 베이트 잔_{Mazrat Beit Jan}과 텔 샴즈_{Tel Shams}라는 두 목표를 향해 진격을 시작했다. 마즈렛 베이트 잔으로 진격한 카할라니 대대와 카츠 대대의 상대는 제7사단 휘하의 제68여단과 모로코의 원정부대였는데 비교적 쉽게 목표를 점령하는 데 성공했다.

하지만 남쪽의 텔 샴즈 점령을 맡은 벤 하난 부대는 이스라엘군의 '기갑 만능주의'의 희생양이 되고 말았다. 앞서 이야기했지만, 이스라엘군은 기갑여단에 소속된 보병과 포병을 축소했기에 텔 샴즈 공략은 전차만으로 시도되었다. 벤 하난은 시리아군의 배후를 치기 위해 20여 대의 전차를 이끌고 험로를 돌았다. 그의 공격은 초반에는 성공했지만, 시리아군 대전차 부대의 반격을 받아 많은 사상자가 나왔는데 그 중에는 벤 하난 자신도 있었다. 그의 전차는 새거 대전차 미사일에 피격되었고 포탑에서 튕겨져 나왔지만, 다행히 죽지는 않고 하이파Haifa의 람밤Rambam 병원으로 후송되었다. 그를 구해준 인물은 요나톤 '요니' 네탄야후Yonaton 'Yoni' Netanyahu 대위로서 훗날 전설적인 엔테베Entebbe 기습작전을 지휘하다가 마지막 단계에서 전사한다. 여담이지만 네탄야후의 동생은 이스라엘 총리까지 오르는 벤냐민 네탄야후Benjamin Netanyahu다. 결국 공수부대가 투입되어 13일 밤이 되어서야 템 샴즈가 함락되었다.

전력이 바닥난 시리아군은 아랍 형제국 들에게 지원을 호소했고, 이라크, 요르단, 사우디 아라비아 등이 지원 병력을 보냈다. 다만 요르단군은 이스라엘군과 같은 센츄리온 그리고 패튼으로 무장하고 있었기에 피차 식별에 어려움이 있었다고 한다. 그동안 소련제 대공미사일에게 엄청난 피해를 입었던 이스라엘 공군은 주파수를 파악해 대공미사일 기지를 하나씩 제압하기 시작했고 이스라엘 육군 역시 보이는 대로 대공미사일 기지를 박살내면서, 제공권은 완전히 이스라엘 쪽으로 넘어왔다. 하지만 이스라엘 공군 역시 많은 손실을 입어 미국의 지원 없이는 제공권 유지가 어려웠다.

소련의 아랍 지원 이상으로 미국은 이스라엘을 지원했다. 심지어 자국의 전투기를 미군 조종사가 직접 몰아 이스라엘 기지에 착륙시켜 바로 이스라엘 공군에 넘겨주기는 행동까지 서슴지 않았고 유럽 주둔군이 쓰는 M60A1전차를 갤럭시 초대형 수송기에 실어 공수하기도 했다. 이 전차는 전투에 단련된 이스라엘 전차병들도 마음에 들어 할 정도로 성능이 좋았다. 휴대용 대전차 로켓인 LAW와 대전차미사일 TOW도 대거 들어왔다. 사실 6일 전쟁 때만 해도 중고 무기의 처리장 같은 성격을 어느 정도 지니고 있었지만 욤 키푸르 전쟁은 말 그대로 미국과 소련 두 초강대국의 최신 무기들의 실험장이 되었다. 두 초강대국은 군사위성에서 알아낸 정보들을 양쪽에 제공하기도 했다. 10월 12일, 시리아에서 격추된 팬텀기는 미군의 표식을 그대로 붙이고 있었을 정도였으니 이 전쟁이 얼마나 급박했는지 잘 보여주는 증거가 아닐 수 없다.

미국은 ICBM 부대에 최고 경계령을 내렸고 괌Guam에 있는 B52 60대를 본토로 불러들였으며, 제82공수사단을 투입할 준비를 끝내고 있었다. 소련 역시 체코 침공의 선봉으로 악명을 떨쳤던 최정예 제7공수사단의 출격준비를 끝내고 지중해 함대를 바로 투입하려고 했으니 당시는 쿠바 미사일 위기 이상으로 미국과 소련 두 초강대국이 정면충돌하기 직전이었던 것이다.

또한 아랍의 석유수출국들은 미국의 무기 공급에 대한 보복으로 석유 선적을 중단했다. 이런 석유수출 금지는 아랍에 비우호적인 것으로 여겨진 서유럽국가와 일본에까지 확대됐다. 원유 가격은 배럴당 3달러에서 12달러까지 치솟았고 세계 경제는 유례없는 경기침체와 물가상승을 경험하게 된다. 물론 한국도 예외가 아니었는데, 이 석유금수는 제1차 오일쇼크라는 이름으로 세계사에 남게 된다.

시리아 본토에서의 전투와 휴전

손실에도 불구하고 전쟁은 끝나지 않았다. 이런 미국과 소련의 움직임을 알 리가 없는 제7기갑여단 장병들은 전투를 계속해서 텔 샴스 인근을 우회하는 돌출부까지 차지하여 다마스쿠스를 포격할 수 있는 175㎜ 자주포 사거리를 확보했다. 따라서 굳이 더 공세를 할 필요가 없었기에 방어전에 들어갔다. 그 사이에 남쪽의 라너 사단과 펠레드 사단이 시리아군을 구원하러 온 이라크 제3기갑사단을 궤멸시키는 대승리를 거두었고 이스라엘 공군은 비행장, 방송국, 소련문화센터, 발전소, 공항, 정유소, 항만, 통신시설 등 시리아의 중요시설을 계속 강타했다. 즉 시리아가 '이제는 그만' 하며 수건을 던질 때까지 계속 밀어붙이는 전략이었다.

이후 골란 고원 전선 아니 북부 전선은 소강상태가 되어 부분적인 교전만 벌어졌다. 요르단 군과 이라크군의 지원을 기다리는 시리아군과 보급물자가 떨어져가는 이스라엘군의 '이해관계'가 맞아떨어져 전투가 잦아들었다. 사실 다마스쿠스를 사정거리에 넣었다지만 175㎜포탄이 거의 떨어진 상황이라 군사시설만 포격할 수밖에 없었고, 이 때문에 비행장에 주기된 소련의 대형 수송기들이 파괴되었다.

하지만 에이탄 사단장은 골라니 여단과 공수부대로 구성된 특수부대를 야간에 투입하여 시리아군 후방의 전차, 전투진지, 보급로 등을 공격하여 약 20여 대의 시리아군 전차를 파괴하는 전과를 올리기도 했다. 시리아군과 이라크군 외에도 사우디아라비아의 제20기갑여단, 요르단의 제40기갑여단, PLO 소속의 2개 특수전 여단, 모로코 원정여단이 이스라엘군을 막아섰다. 하지만 제7기갑여단은 큰 전투를 치르지는 않았다. 이제 주전장은 골란 고원이 아니라 시나이 반도로 옮겨갔기에 많은 부대가 시나이로 이동하였다. 이때 카할라니 중령의 동생 에마누엘 카할라니 중사가 시나이 전선에서 패튼 전차를 타고 싸우다가 전사하고 말았는데, 바로 전쟁 직전에 결혼했던 그 동생이었다. 이 비보는 종전 직후에 중령에게 전달되었다. 사실 에마누엘은 카힐라니의 권유로 진차병이 되었다고 한다.

10월 20일 넘어가면서 큰 전투는 없었지만, 헤르몬산은 예외였다. 이스라엘군은 역전의 골라니 여단과 텔 샴스, 아랍 연합군 후방 교란 작전에서 활약한 제31공수여단을 투입해서 이 전략적 요충지를 되찾고자 했다. 10월 21일 오후, CH-53G 헬기에 나눠 탄 공수부대원들이 팬텀기들의 엄호를 받으며 헤르몬산으로 향했고, 골라니 여단의 보병들은 남서쪽 구릉을 통해 접근했다. 치열한 전투가 벌어졌고 51명의 전사자라는 큰 희생을 치르기는 했지만, 헤르몬산은 이스라엘의 손에 돌아왔다. 이때 여단장 아미르 드로리Amir Drori 대령까지 중상을 입었을 정도의 격전이었다.

10월 22일 저녁, 시리아가 UN 안보리의 정전안을 받아들였다. 이스라엘과 시리아를 중심으로 한 아랍군은 24시간 동안 포격전을 더 계속하기는 했지만, 더 이상의 지상전투는 없었다. 자정이 되자 그 포격마저도 중단되었다. 24일 정식으로 18일간 벌어진 전쟁이 끝나게 되었다.

그전과는 달리 아랍 쪽의 선제공격으로 시작된 이 전쟁은 비록 이스라엘의 승리로 끝나기는 했지만 엄청난 피해를 입었다. 이스라엘군은 골란 고원에서만 6일 전쟁 기간 전 전선에서 나온 전사자보다 많은 772명이 죽었고, 65명이 포로가 되는 큰 인적 손실을 입었다. 특히 전쟁 기간 내내 최전선에 있었던 제7기갑여단은 부대 내에서만 127명이나 전사했다.

물론 시리아군의 손실은 훨씬 더 커서 3,100명 이상이 전사하고 1천 대가 넘는 전차를 잃었다. 그 외에도 300명이 넘는 이라크, 요르단, 사우디아라비아, 모로코군이 전사했다.

제7기갑여단 출신들이 주도한 시나이 전역

이 책의 주인공은 일단 제7기갑여단이기에 골란 고원을 중심으로 서술했지만, 시나이 전선을 간략하게나마 다루지 않을 수는 없다. 아단과 고넨, 벤 아리, 마겐, 만들러, 탈 [07] 등 여단 출신 지휘관이 중심이 되어 이 전선에서 싸웠기 때문이다. 당시 시나이 반도를 담당하고 있는 남부군 사령관은 바로 고넨 장군이었고, 전쟁이 터지면 예비군이 동원되어 3개 기갑사단이 남부군 예하로 배속된다. 사단장은 아단, 샤론, 만들러였다.

10월 6일, 개전 당일 이집트군은 바 레브 선을 돌파하기 위해 8천이 넘는 특수부대를 사전에 도하시켜 미리 요새 후방과 이스라엘군의 기동로 근처에 매복시켰고, 철저한 공격준비포격 후에 운하 도하를 시작했다. 이때 이집트 공병대는 서독에서 수입한 고성능의 소방펌프를 동원해 모래벽을 적셔서 무너뜨리는 창의적인 전술을 사용해 이스라엘이 돌파에 최소한 이틀은 걸릴 거라고 장담했

---

07 다시 현역에 복귀한 벤 아리는 대령에서 준장으로 승진하여 고넨을 보좌하는 참모장을 맡았다. 고넨의 위험함을 알게 된 그는 그보다 결코 먼저 잠들지 않고, 늦게 자지 않겠다고 결심했다. 7년 전 남부사령관이었던 가비쉬 장군도 남부 사령부로 달려왔지만 별다른 역할을 맡지 못했다.

던 바 레브 선을 단 9시간 만에 돌파해버린 것이다.

이 돌파 작전에서 이집트군 8만 명 중 전사자는 겨우 208명에 그쳤으며, 당시 3만 명 이상의 피해를 예상했던 이집트 수뇌부는 이런 예상외의 대성공에 환호작약했다. 이후 잘 준비된 방어진지에서 이스라엘군의 기동예비대인 제252기갑사단의 진격로를 틀어막고, 새거 대전차미사일과 RPG7 대진차 로켓을 중심으로 한 적극적인 대전차 방어전을 구사했다. 이스라엘 기갑부대는 보병과 포병의 지원은 물론 공중지원조차 거의 받지 못했다. 그토록 강력했던 이스라엘 공군은 이집트 방공군의 SA-6 지대공미사일과 23㎜ 4연장 기관포를 탑재한 '쉴카' 대공전차의 반격으로 하루 만에 전 보유대수의 10%가 넘는 전투기를 상실하는 참담한 손실을 입었기 때문이었다. 이스라엘 공군은 개전 초 이런 끔찍한 피해를 입자 지상전선이 엄청난 위기에 빠져있음에도, 일시적이지만 지상군에 대한 지원 작전을 중단할 수밖에 없었다. 그 덕분인지 도하 작전 이후 이어지는 전투에서 이집트군은 시나이반도에 전개된 이스라엘 전차의 60%인 150여 대를 격파하는 혁혁한 전과를 세운다.

10월 8일에는 2개 기갑사단이 더 투입되었지만, 보병과 포병이 본토에서 이동 중인 상태였기에 전차만으로 공격에 나섰다. 역시 이집트군 대전차미사일의 위력에 혼쭐이나 후퇴하고 말았다. 역시 전차부대가 보병부대의 지원이나 포병의 지원을 거의 받지 못한 채 단독으로 진격했기 때문이었다. 가장 큰 원인은 이스라엘의 인적 자원 문제로 인한 보병의 부족, 그리고 제3차 중동전쟁의 전과 덕분에 생긴 전차 만능주의 때문이었다. 사실 이스라엘군은 이집트군의 기세를 꺾어야 한다는 위기의식에서 부족한 전력에도 불구하고 일단 반격을 감행하지 않을 수 없었고, 아울러 보병의 대전차

공격능력 자체를 높게 평가하지 않고 있었다. 물론 당시에는 이집트군이 더 많은 부대를 투입하여 시나이 사막을 가로지를 확률도 높아 보였기 때문이기도 했다. 전쟁 직전에는 부하 장교들이 올린 경고를 무시했던 남부 사령관 고넨은 여전한 고집과 이집트군에 대한 경시로 계속 트러블을 일으켰다. 결국 10일 현직 통상부 장관이자 전임 참모총장인 바 레브 중장이 '참모본부 대리'로서 현역에 복귀하여 지휘봉을 잡았다. 고넨은 여단장이나 사단장으로는 훌륭했지만 이런 대규모 전장의 총지휘관으로는 어울리지 않는 인물이었다. 잇단 패배와 내부 문제에 시달리던 이스라엘군에게 10월 13일, 만들러 사단장이 지휘 장갑차에 타고 전방에서 지휘하다가 이집트군에게 위치가 도청되어 포격을 맞고 전사하는 참사까지 일어나고 말았다. 마겐이 만들러의 후임자가 되었는데, 사령부에서 같이 작전을 논의하던 에제르 바이츠만 공군 소장[08]이 즉석에서 자신의 계급장을 떼어 그에게 붙여주었다.

연진연승을 한 시나이의 이집트군은 지난 시리아가 패하자, 그들을 돕기 위해 어쩔 수 없이 10월 13일 밤부터, 내륙 깊숙이 진격을 개시했다. 이집트 쪽이 1천 대, 이스라엘 쪽이 800대, 2차 대전 독일과 소련이 벌인 쿠르스크 대전차전에 버금가는 규모의 전차전이었다. 하지만 개활지에서의 전차전은 역시 이스라엘 기갑부대가 두 수는 위였다. 아단의 제162기갑사단은 초전에 이집트 전차 50대 이상을 격파하면서 승기를 잡았고, 칼만 마겐과 석 달 만에 현역으로 복귀한 샤론의 기갑사단도 맹렬하게 이집트군을 몰아붙였다. SS-11 대전차 미사일도 맹활약했다. 이집트군 전차 260대 이상이 격

---

08   그는 베긴이 집권하자 국방부 장관에 오른다.

파된 반면, 이스라엘의 손실은 30대 정도에 불과했기에 마겐은 이를 '깔끔한 전투'라고 간결하게 묘사했다. 이스라엘 장병들은 이집트군 보병의 전투력과 투지를 칭찬했고 포병의 기량도 나아졌다고 보았지만 전차병의 기량은 7년 전보다 별로 나아지지 않았다고 평가했다. 공군 조종사도 마찬가지였다. 무장을 장착한 이집트 공군의 한 소형 훈련기가 샤론의 지휘 차량 상공을 지나갔는데, 공격을 하지 않았다. 오히려 이 비행기는 이스라엘군 장갑차의 사격을 받고 격추되었고, 조종사는 포로가 되었다. 놀랍게도 조종사는 손톱에 매니큐어까지 칠해 이스라엘 병사들에게 '멋쟁이'라는 조롱까지 받아야 했다. 샤론은 그 조종사에게 왜 조준하고도 공격하지 않았냐고 물었는데, 그의 대답은 아군인지 적군인지 확신하지 못했다는 것이었다. '그러고도 당신이 조종사냐'라는 샤론의 일갈은 그를 '멘붕' 상태로 몰아넣었다.

어쨌든 그사이에 마련한 새거 대전차 미사일에 대한 대응전술도 큰 효과를 거두었다. 새거 대전차미사일은 이미 언급했지만, 수동유선유도 방식이기 때문에 사수는 명중할 때까지 자리를 지켜야 했다. 이스라엘 기갑부대는 그사이에 연막탄을 뿌리고 급기동을 하면서 사수 쪽으로 화력 – 특히 쉽게 쏠 수 있는 기관총 – 을 퍼부었다. 이렇게 하면 사수를 전사시키지 못하더라도 유도를 불가능하게 만들 수 있었던 것이다. 또한 미국에서 막 들어온 따끈따끈한 휴대용 대전차 로켓인 LAW와 대전차미사일 TOW 도 맹활약하였다. 이렇게 되자 최고의 대전차무기는 전차라고 고집하던 이스라엘군도 태도를 바꿀 수밖에 없었다.

동원이 본격화되면서 이스라엘군은 점점 규모가 늘어났는데, 그중 하나가 제274동원기갑여단으로 여단장은 고넨의 동생인 요엘 고넨_{Yoel Gonen} 대령이었다. 훗날 참모총장과 총리에 오르는 예후드 바라크_{Ehud Barak}도 스탠퍼드_{Stanford} 대학 유학 중에 귀국하여 전차대대장을 맡았다. 16일 새벽, 샤론이 지휘하는 기갑사단이 이집트군의 전선을 파고들어 수에즈 운하를 기습 도하했다. 아단과 마겐의 기갑사단도 뒤를 따랐다. 이스라엘군은 수에즈 서안으로 밀고 들어가 남쪽 수에즈 운하 건너에 있는 이집트 제3군 병력을 포위하면서 전쟁에 종지부를 찍으려 했다.[09]

여기서 아단과 마겐은 같은 제7기갑여단 출신이어서인지 잘 협력했지만, 샤론은 자신의 전공을 위해 언론 플레이까지 하며 작전에 많은 어려움을 주었다. 이때의 샤론은 '이스라엘 판 맥아더' 같은 행동을 한 것이다. 이스라엘군은 뛰어난 장군이 너무 많아서 작전에 어려움을 겪은 셈이었다. 사실 모두 한참 팔팔한 나이들이었기 때문이기도 했다. 6일 전쟁 때 참모총장이었던 라빈도 끼어들었다. 그럼에도 이집트군은 이런 불화를 잘 활용하지 못했다. 카이로에 불과 100㎞ 거리까지 육박한 이스라엘은 제3군을 섬멸함으로써 이집트에 결정적인 타격을 주려 했지만 앞서 이야기했듯이 대대적인 공수작전으로 이스라엘을 기사회생시킨 미국과 이집트, 시리아의 뒤에 있던 소련이 강력하게 개입하면서 더 이상의 전투는 벌어지지 않았다. 참고로 이집트에는 시리아와 마찬가지로 아랍 진영의 군대가 와 있었는데, 알제리와 리비아군이었다. 놀랍게도 북한 조종사들도 참전했는데, 자세한 전과와 피해는 알 수 없다. 유엔에서 긴급파견군을 보냈는데, 사령관은 핀란드군 출신의 엔시오

---

09   탈 장군은 1개 기갑여단을 바다를 건너 나일강 계곡으로 투입하여 이집트군 배후를 기습하자는 대단한 작전안을 올렸다. 실제로 상륙정까지 준비했지만 엘라자르가 이집트 제3군 포위에 집중하기로 결정하면서 계획으로 끝나고 말았다. 이때 탈은 다얀에게 '지난 4년간 저는 전차 100대로 후방에서 카이로를 점령하는 꿈을 키워왔습니다'라고 말했다.

실라스부오_{Ensio Siilasvuo}장군이었다. 그는 겨울전쟁 당시 수오무살미_{Suomussalmi} 전투에서 소련군을 상대로 눈부신 승리를 하얄마르_{Hjalmar Ensio Siilasvuo} 장군의 아들이자 2차 대전 참전용사였다.

전쟁의 후유증과 현대전에 미친 영향

이스라엘군은 지휘관들과 병사들의 능력 덕분에 재앙 같았던 첫날의 기습으로 당한 피해를 극복하고 군사적으로는 승리를 거두었다. 하지만 시나이 전선까지 합하면 2,600여명의 전사자가 나왔고 특히 절반 이상이 전차병이었다. 더구나 기갑부대 전사자 중 절반가량이 전차장급이었고, 이들 중에는 사단장과 여단장 등 부대 지휘관도 상당수 포함되어 있었으며, 고학력자들이 많았다. 고도로 훈련된 전차병과 지휘관은 대체가 힘든 인적 자원이라는 점을 생각하면 이스라엘의 인적 손실은 정말 뼈아픈 것이었다. 상실한 전차도 840대에 달했는데, 다행히 420대는 수리하여 복귀할 수 있었다. 이에 비해 아랍 측은 2,554대를 잃었고, 그 중 840대가 수리되었다고 한다. 사실 이스라엘은 노획 전차와 미국의 제공한 전차 450대를 합치면 전쟁 전보다 전차 수는 오히려 330대나 늘어났다. 하지만 엄청난 인적 손실 때문에 이런 사실은 별 위로는 되지 않았다.

군사적 피해를 제외하더라도 다른 분야에서 유무형의 손실도 엄청났다. 경제적 손실은 1년 치 국민 총생산액과 맞먹었고, 대법원장 시몬 아그라나트_{Shimon Agranat}를 수장으로 한 전쟁진상조사위원회가 책임을 추궁하면서 벤 구리온으로부터 30년 가까이 이어졌던 만년 여당 노동당도 정권을 내놓아야 했다. 메이어의 정치경력 그리고 고넨과 엘라자르의 군 경력도 끝장나고 말았다. 특히 엘라자르는 전쟁이 끝난 지 1년 반도 안 된 1974년 4월 15일 수영을 하다가 겨우 49세에 심장마비로 급사했다. 한 달 전에는 시나이 전선을 지키던 마겐 장군이 역시 심장마비로 급사했는데 그 보다 네 살 어린 45세였다. 벤 갈도 심장이상을 일으켰지만, 다행히 죽지는 않았다. 물론 직접적인 원인은 알 수 없지만 극심한 스트레스가 영향을 주었다는 추측을 하지 않을 수 없다. 슈무엘 고넨 역시 1974년 반강제적으로 군을 떠나, 외국을 떠돌다가 1991년 이탈리아에서 61세에 세상을 떠나고 말았다. 나중에 그는 천천히 죽음을 당한 장군이라는 별명까지 붙었다. 이후 이스라엘은 국민적 합의를 민주적으로 도출하지 못하고, 서로를 불신하는 파벌로 분열되었다. 최근에도 세 차례나 총선을 치르고야 겨우 내각이 구성되었다는 사실이 이를 잘 보여주고 있다. 건국 이후 가지고 있던 '건국자'들의 권위는 거의 사라졌다. 미국에 대한 의존도가 더 높아졌다는 것도 이 전쟁이 남긴 영향이 아닐 수 없다.

그리고 이 전쟁으로 이스라엘군의 민낯도 적지 않게 드러났다. 이제까지 이스라엘군은 인종청소 등 윤리적 문제점은 있었지만, 적어도 내부에서는 지금까지 보았듯이 훌륭한 조직력과 희생정신, 엄청난 전투력을 보였다. 하지만 이 전쟁 이후에는 좋지 않은 모습도 보이고 말았다. 엄청난 숫자의 전차병이 쓰러졌기에 이를 보충하기 위해 보병 등 타 병과에서 전과를 시키려 했지만, 이번 전쟁에서 전차병의 사상률에 놀란 보병들의 전과 거부가 발생했기도 했던 것이 좋은 예이다.

욤 키푸르 전쟁은 중동뿐 아니라 전 세계적으로 군사 분야에 엄청난 영향을 미쳤다. 2차 대전 후 이 전쟁만큼 최신무기를 가진 군대가 강력한 의지를 가지고, 정면으로 충돌한 사례가 없기 때문이었다. 특히 현대 방공전술과 대전차 전술에 미친 영향은 이루 말할 수 없을 정도로 넓고 깊었다. 아단 장군은 전쟁 다음 해인 1974년 8월, 미국 대사관 무관직을 수행하기 위해 워싱턴Washington, D.C에 도착하자, 미군이 엄청난 수의 장교들을 동원하여 전쟁의 교훈을 이끌어내는 모습과 전쟁에 대한 두꺼운 연구서가 이미 몇 십 권이나 나와 있다는 사실에 놀랐다고 회고하였다. 미군 장교들이 질투에 가까울 정도로 엄청난 존경심을 표했다는 '자기 자랑'도 빼놓지 않았지만 말이다.

두 영웅에게 수여된 최고 훈장

이스라엘군은 무공 훈장 수여에 대해 아주 인색하기로 유명하다. 이 점에서도 철십자 훈장 수여에 인색했던 독일국방군을 연상하게 하는데, 최고 훈장인 오트 하그부라(Ot Hagvura, 용맹장) 는 독립

오트 하그부라 훈장

전쟁에서 욤 키푸르 전쟁까지 겨우 41명에만 수여되었고 그중에서 20명은 전사자에 대한 추서였으니 실제로는 21명에 불과했다. 그 치열한 욤 키푸르 전쟁에서도 단지 7명이 이 훈장을 받았을 뿐이었지만, 그중에 카할라니 중령과 츠비카 그린골드 중위가 있었다. 나머지 5명은 시나이와 이집트 본토 작전의 공로로 받았으니, 이 두 명이 골란 고원 북부와

남부를 지켜낸 최고의 수훈자라는 의미였다.

카할라니는 바이런_{George Gordon Byron}처럼 하루아침에 적어도 이스라엘에서는 가장 유명한 인물 중 하나가 되었다. 그럼에도 심사과정이 엄격했기에 수여식은 놀랍게도 2년이나 지난 1975년이 되어서야 대통령 관저에서 열렸다.

벤 갈 대령은 다음 해 2월까지 여단장을 계속하면서 부대를 재건했고 여단 출신이자 제79기갑여단장 이었던 오리 오르에게 여단장직을 넘겨주었다. 벤 갈은 1977년에 북부군 사령관에 오른다. 이제 여단은 시나이 사막을 떠나 골란 고원에서 이스라엘 북부를 지키게 되었고, 약간의 예외를 제외하면 지금까지 골란 고원을 떠나지 않고 있다. 골란 고원에는 역사적인 전투를 기념하는 기념물들이 설치되었다. 아래는 카할라니 중령이 희생된 전우들을 위해 쓴 시이다.

나의 전우들이여, 그대들에게 이 글을 바치노라.
덥수룩한 수염과 그을린 얼굴들
정면에서, 그리고 측방에서 공격해오는 적 전차들과 홀로 맞서
싸웠던 그대들에게
삐걱거리는 철궤도로 지축을 뒤흔들었던 영웅들
전차는 철이지만 전차병은 강철임을 보여준 영웅들
당당하게 맞서 대규모 적을 하나 하나 부숴버리고 승리를
쟁취한 그대들에게
엄청난 적을 맞아 싸웠던 영웅들을 위하여
아니 단 한 명의 병사만을 위해서라도 찬미가를 부르노라.

나 여기 격전의 능선에 올라 다시금 내려다보노라.

형체를 알아볼 수 없게 검게 그을린 것들, 버려진 전차들, 그리고 싸늘한 주검들을

나는 그대들이 홀로, 그리고 전우들과 함께 어떻게 싸웠는지를 기억하노라.

적에게 포탄을 날리는 순간에도 바로 옆에 있는 전차가 피격되던 그 긴박했던 순간을.

그리고 피로 붉게 물들은 도로들과 마즈렛 베이트 잔을 바라본다.

아메리카-야이르 교차로 전차매복작전을 위해 질주하던 밤

새벽을 갈라내는 천둥 같은 포격소리

그리고 일백이십칠 명을 기억하노라.

전차부대원들, 전쟁이 끝났다는 소식에 기뻐하던 그들

다시금 영웅들의 얼굴을 뒤돌아보노라.

우리와 함께 돌아오지 못한 그를

승리를 침묵으로 기뻐하던 그들

물밀 듯이 쳐들어오던 적군이 드디어 무릎을 꿇을 때까지 끝없이 사격하던 그들

피가 맺혀 흐를 때까지 전차포탄을 장전하던 그들

나는 그들 모두를 잊을 수 없노라. -야이르, 아미, 그리고 아미르.

아미르와 겔리그 블루만, 그리고 새벽이 밝아올 때까지 사자와 같이 싸웠던

골란 고원의 영웅들을.

> 나 여기 홀로 서서 진정으로 기도드리나니
>
> 더 이상의 전쟁이 이 땅에 없게 하소서.

하지만 카할라니의 바램은 이루어지지 않았고, 전쟁은 다른 형태로 계속되었다. 현재 골란 고원에는 이 역사적인 전투를 기리는 기념물이 많이 설치되었다. 다음 전쟁 이야기를 하기 전에 이스라엘의 다른 '흑역사'를 다루고 넘어가고자 한다.

이스라엘과 미국 그리고 독재정권들과의 유착

욤 키푸르 전쟁에서 이스라엘이 '승리'할 수 있었던 것은 상당 부분 미국 덕택임은 부인할 수 없는 사실이다. 미국도 이 전생을 통해 이스라엘이 '무기 테스트 베드'로서 얼마나 중요한지 새삼 절감했다. 하여 양국의 유착 관계는 깊어질 수밖에 없었는데, 이에 이스라엘은 미국이 직접 지원하기 곤란할 정도로 더럽고 잔혹한 정권을 지원하는 역할을 맡게 되었다. 그중엔 옛 나치 인사들을 숨겨준 아르헨티나 등 남미 군사정권들과 나치를 본받아 아파르트헤이트 Apartheid 라는 악명 높은 인종차별 정책을 실행한 남아공 국민당 정권과 로디지아 Rhodesia 소수 백인 정권도 포함되어 있었다.

1976년 이스라엘을 방문한 남아공 총리 존 포르스테르 John Vorster 는 2차 대전 당시 나치 지지 혐의로 구금된 전력이 있는 인물이었다. 또한 1980년에는 이스라엘 무기 수출의 35%가 남아공으로 향했을 정도였는데, 이는 남아공 국민당 정권이 아파르트헤이트를 1994년까지 유지할 수 있었던 원인 중 하나가 되었다.[10] 참고로 1982년에 개발된 남아공의 돌격소총 R4은 갈릴을 기반으로 하며, 1970년대 후반 센츄리온 전차를 외관상 완전히 다르게 보일 정도로 개조한 올리펀트Olifant 전차 개발도 이스라엘이 도왔다. 이 전차로 무장한 남아공군은 1987년 9월과 11월 앙골라Angola 와 벌인 전차전에서 70대 이상의 T54/55를 격파하면서도 손실은 거의 없는 완벽한 승리를 거둔 바 있다. 치타Cheetah 전투기도 이스라엘의 크피르Kfir 를 개량한 것이다. 양국은 핵무기 개발에도 협력한 바 있다. 대만도 M60A3와 M48개량형을 이스라엘에서 수입하는 등 밀접한 군사협력관계를 유지했는데, 참고로 1980년대 당시 이스라엘과 남아공, 대만은 국제사회의 '3대 왕따'였다. 왕따끼리 뭉친 셈인데, 이스라엘 언론은 이 세 나라를 '제5세계'라고 부르기까지 했다.

아르헨티나의 악명 높은 군부 독재자 레오폴드 갈티에리Leopoldo Galtieri 는 아르헨티나 거주 유대인들을 천 명 넘게 학살했음에도 이스라엘과 유착 관계를 지속했다. 최근엔 그가 벌인 포클랜드 전쟁Falklands War 때 이스라엘이 군수물자를 제공했다는 보도가 나오기도 했다. 갈티에리 못지않게 잔인한 칠레의 아우구스토 피노체트Augusto Pinochet 정권도 예외가 아니었다. 칠레는 1980년대 초 이스라엘의 퇴역 셔먼 65대를 구입했으며, 다시 한 번 개조를 요청했다. 그리하여 이스라엘은 주포를 60㎜(2.3인치) 고속 포로 교체하고 새로운 디젤 엔진을 다는 식으로 개조해서 넘겨주었는데, 이를 M-60 셔먼이라고 부른다. 칠레는 이스라엘판 미니 헬파이어 미사일인

---

10   남아공이 세계 최대의 다이아몬드 생산국이라는 사실은 유명하다. 그런데 유대인들은 전통적으로 보석 가공에 종사했기고, 자연스럽게 다이아몬드 가공은 이스라엘의 주력 산업 중 하나가 되었다. 양국의 밀월은 이런 경제적인 이유도 크게 작용했다.

LAHAT(Laser Homing Anti-Tank)를 도입하기도 했다.

콜롬비아_{Colombia} 우익 민병대 AUC 출신 카를로스 카스탕_{Carlos Castán}가 2003년 알 자지라_{Al Jazeera} 방송과의 인터뷰에서 80년대 이스라엘에서 군사훈련을 받았다는 사실을 폭로한 적도 있다. 콜롬비아 우파 정권과 미국의 지원을 받은 AUC는 좌익 게릴라 소탕을 명목으로 민간인들을 고문·살해함으로써 악명을 떨친 준군사조직이다.

과테말라_{Guatemala}와 온두라스_{Honduras}, 엘살바도르_{El Salvador}, 니카라과 _{Nicaragua} 등 최악의 군사정권 들도 이스라엘의 도움을 받아 권력을 상당 기간 유지할 수 있었다. 30년 동안이나 좌우파의 내전이 계속된 과테말라의 루카스 가르시아_{Lucas García}와 리오스 몬트_{Rios Montt} 장군은 쿠데타를 성공시킨 다음, 외국 기자들과의 인터뷰에서 '우리 병사들이 이스라엘인들에게 훈련을 받아 쿠데타가 성공적이었다'라고 대놓고 자랑하기까지 했다. 이후 그들은 원주민 학살을 자행했는데, 이 만행에는 이스라엘이 전수한 기술과 무기, 그리고 노하우가 큰 몫을 했음은 당연한 결과였다. 이들 중앙아메리카 불량 정권의 군대는 갈릴 소총과 우지 기관단총을 사용하고 있었다. 이런 더러운 거래는 이스라엘 내부에서조차 논란이 되었을 정도였다. 샤론은 바로 다음 장에 나올 레바논 전쟁이 벌어지고 있던 1982년 12월, 온두라스를 방문해 '온두라스의 민주주의'에 대해 찬사를 보낸 적도 있었다.

중동의 유일한 우방 이란에도 이스라엘의 손길이 미쳤음은 물론이다. 팔레비 국왕의 악명 높은 비밀경찰 사바크_{SAVAK}는 1950년대부터 1979년 이슬람 혁명으로 이란 왕정이 붕괴될 때까지 모사드와 긴밀한 협력 관계에 있었을 뿐 아니라 이란의 군 장성들은 거의 모두 이스라엘을 방문했고, 수백 명의 하급 장교들이 이스라엘군

올리펀트 전차

의 훈련 과정을 마쳤을 정도로 친밀한 관계였다. 미사일 공동 개발에도 착수했고, 핵무기 개발까지 함께 했다는 설이 있을 정도다. 물론 이슬람 혁명 이후에는 관계가 끊어졌는데, 이후 이스라엘은 이란 대신 노르웨이와 콜롬비아부터 원유를 수입해야 했다. 소련 붕괴 이후에는 아제르바이잔Azerbaijan도 중요한 원유 수입국이 되었다.

현재 군부 쿠데타가 일어난 미얀마 (당시는 버마) 역시 아시아에서는 보기 드문 이스라엘의 우방국이었다. 미얀마 군부 독재의 원조인 네 윈Ne Win이 1959년 이스라엘을 방문한 바 있는데, 당시 두 나라는 영국에서 독립한 신생국이자 '비 마르크스주의적 사회주의'를 추구한다는 공통점이 있었다. 노동당 중진 다비드 하코헨이 의원직을 내놓고 1953년 대사로 부임했고, 메이어가 자서전에서 이 나라의 방문기를 상당히 길게 쓸 정도로 미얀마는 중요한 나라였다. 미얀마는 키부츠와 모샤브를 흉내 낸 개척촌을 많이 건설했는데, 군사 분야에서 어느 정도 영향을 받았는지에 대한 정보는 많이 입수하지 못했다. 지금도 미얀마군은 120㎜ 중박격포 등 이스라엘

M-60 셔먼 전차. 칠레는 마지막으로 셔먼을 현역 장비로 운영한 국가이기도 하다.

제 장비를 적지 않게 보유하고 있다.

이스라엘의 '마수'는 아프리카에도 닿았다. 이스라엘은 CIA를 대신해서 현재의 국명은 콩고 민주공화국이지만 당시에는 자이르_{Zaire}라고 불렸던 지하자원이 풍부한 중부 아프리카의 대국을 독재자 모부투_{Mobutu Sese Seko}가 35년 가까이 지배할 수 있도록 도와주었다. 현재도 이스라엘 기업가들은 이 나라의 광산에 많은 이권을 가지고 있다. 물론 이스라엘이 이런 나라들에 '나쁜 것'들만 전수해 준 것은 아니었고, 세계 최고 수준의 농업기술 등 '좋은 것'들도 전해 주었지만, 그 나라 민중들에게 좋은 것과 나쁜 것을 계산하면 +인지, -인지는 알 수가 없다. 현재도 이스라엘 보안 기업들은 독재정권의 체제유지를 위한 장비를 적극적으로 수출하고 있다.

물론 이스라엘은 이런 불량 정권들만 거래하지는 않았다. 싱가포르_{Singapore}의 군대가 이스라엘의 영향을 아주 깊게 받은 사실은 꽤 유명하기 때문이다. 영국에서 독립한 지 얼마 안 되는 소국이며 지정학적 요충지에 만들어진 나라라는 점, 다민족 국가에다가 훨씬 거대한 국가들에 둘러싸여 있다는 점 등 두 나라는 유사한 부분이 많기에 1965년에 막 말레이시아_{Malaysia}로부터 독립한 싱가포르는 이스라엘로부터 야콥 엘라자리_{Yaakov Elazari} 대령을 단장으로 한 군사고문단을 초빙하여, 이스라엘식 군사제도를 도입했다. 이런 이유로 현재 싱가포르는 인구 규모에 비하면 아주 많은 7만 2천의 현역병과 31만이 넘는 동원예비군을 보유하고 있다.

초기 싱가포르 육군의 주력장비인 AMX-13 경전차 72대는 이스라엘에서 6일 전쟁 후 퇴역한 것들이었고, 120㎜ 중박격포도 공급받았다. 또한 장성들이 젊은 나이에 전역하고 정치나 행정, 기업으로 진출하는 것도 두 나라 군대의 공통점이다. 대표적인 인물이 32세에 준장으로 전역하여 총리에 오른 리콴유_{Lee Kuan Yew}의 아들 리셴룽_{Lee Hsien Loong}이다. 또한 제대한 청년들이 외국여행을 하면서 추태를 보이는 것도 비슷한데, 아마도 작은 나라에서 답답한 생활을 하는 데서 오는 부작용이 아닐 싶다. 참고로 선진국 그룹 중에서 군 의무복무를 하는 나라는 이 두 나라와 우리나라까지 셋밖에 없다. 이스라엘 군사고문단은 사관학교 교수로도 맹활약했는데, 주위의 이슬람 국가들에게는 '멕시코 농업고문'이라고 둘러댔지만, 끝까지 숨길 수는 없어서, 결국 1974년 4월에는 철수하고 말았다. 그럼에도 두 나라의 관계는 이어졌고, 1986년 당시 이스라엘 대통령인 하임 헤르조크의 싱가포르 국빈 방문은 말레이시아와 인도네시아_{Indonesia}에서 시위와 정치적 항의를 촉발하기도 했다.

그럼에도 싱가포르는 현재 스파이크_{Spike} 대전차 미사일과 프로텍터_{Protector} 무인 고속정, 서처_{Searcher} 무인정찰기 등 많은 군사 장비를 이스라엘에서 도입하는 등 계속해서 협력을 이어나가고 있다. 마타도어$_{Matador}$ 대전차 로켓[11]은 두 나라가 합작하여 개발한 대표적인 무기라 할 수 있다. 싱가포르와의 이런 밀접한 관계에도 불구하고 이스라엘은 최대의 '가상 적국' 인도네시아와도 거래를 했고, 동티모르$_{East\ Timor}$ 인들의 봉기 진압에 필요한 무기들도 공급한 바 있었다.

우리나라도 서처 무인정찰기, AGM-142 팝아이$_{Popeye}$ 공대지 미사일, 하피$_{Harpy}$ 무인기, 스파이크 대전차 미사일 등 이스라엘제 무기를 적지 않게 도입하고 있다. 소프트웨어 면에서도 이미 박정희 정권 시절부터 이스라엘 기갑부대와 공군의 각종 실전 경험 및 교리를 전수받아서 적용하고 있다는 것은 공공연한 비밀이다.

하지만 저자로서는 좋건 나쁘건 이런 거래에 제7기갑여단 출신들이 얼마나 개입했는지는 자세히 알 수 없었다. 다만 요시 벤 하난이 퇴역 후 이스라엘 국방부 개발도상국 국방지원과장을 역임하면서 과테말라 등과 의심스러운 무기 거래를 했다는 보도는 접한 바 있다.

---

11   마타도어 대전차 로켓 개발에는 독일도 같이 참가하였다.

제 7 기 갑 여 단 사

레바논 전쟁

약점 보완과 군비 확장

당연히 군사장비에도 대대적인 개혁이 이루어졌다. 펠레드 장군이 1974년 기갑총감 자리에 오르면서 기갑분야에 대한 개혁에 속도가 붙었다. 앞서 살펴보았듯이 골란 고원에서는 거의 전차로만 방어가 가능했기에, 전차중심주의가 잘못되었다고 볼 수는 없다는 의견이 강해 전차의 위치는 흔들리지 않았고, 양적으로도 1977년까지 약 30%나 늘어났다. 이미 시작한 국산전차 개발에도 더욱 속도가 붙었음은 물론이다. 또한 T62 전차의 115㎜ 활강포의 위력에 놀라 APFSDS탄의 개발에도 착수했다. 그 결과 M111탄이 개발되었는데, NATO에서도 최우수 포탄으로 인정할 정도의 성능이어서, DM23이란 이름으로 서방세계 국가에 두루 보급되기에 이르렀다. 다만 기계화 보병의 문제점과 공군의 지원에만 의지해서는 안된다는 사실은 명확하게 드러났기에 여기에 대한 보완에는 이견이 없었다.

전차를 엄호하기 위한 보병들에게 더 빠르고 안전한 발을 신기기 위해 M113 젤다가 대거 도입되었는데, 10년도 되지 않아 그 숫자가 무려 4천 대 이상(일설에 의하면 6천 대)에 이르러, 미국 다음가는 보유국가가 되었다. 젤다는 20㎜ 발칸포를 장착한 대공형, 토우 대전차 미사일을 장착한 대전차형, 크레인을 단 공병차량, 107㎜ 중박격포를 탑재한 자주포형, 지역방어용 레이더를 장착한 첨단형 심지어 칠레에 제공한 셔먼처럼 60㎜ 고속포를 탑재한 '전차형' 인 M113 HVMS까지 다양하게 진화하였다. 즉 하프트랙의 자리를 대신한 것이다. 하지만 알루미늄 합금으로 된 M113의 방어력은 만족스럽지 못해 증가 장갑을 부착하는 개조가 이루어졌지만, 1982년까지 개조된 차량은 그렇게 많지 않았다.

또한 포병 전력 확충에도 적극적으로 나섰다. 먼저 1973년 12월 30일까지 M109 327대와 M107 108대가 들어와 순식간에 포병화력은 획기적으로 증강되었다. M110 8인치 자주포도 도입되었다. 또한 이스라엘군은 예전부터 소련제 다연장 로켓의 위력에 주목하여 그것들을 노획하여 사용했는데, 특히 BM21 122㎜ 다연장 로켓은 욤 키푸르 전쟁에서 옛 주인들을 상대로 맹활약하며 포병화력의 열세를 많이 메워주었다. 그래서 아예 이것을 개량하여 MAR240이라는 이름으로 국산화하기에 이른다. MIM-72/M48 대공미사일 전차와 대전차 미사일 등도 대거 도입되었다. AH-1 코브라 공격헬기도 이 시기에 들어왔다.

또한 워낙 높았던 전차장의 사상률을 낮추기 위한 조치도 실행되어, 새로운 형태의 둥근 헬멧과 방탄조끼, 개량된 방진 안경이 도입되었다.

낙후한 보병장비의 현대화도 빨라졌다. 이미 6일 전쟁 때부터 문제가 지적되었던 FN 소총이 퇴출되었고, AK 소총을 기반으로 한 갈릴_{Galil}돌격소총⁰¹ 과 미국제 M16이 모든 전투부대에 보급되었다.

또한 성능이 검증된 TOW 대전차 미사일 100여 기와 탄두 2000여 발, M72 LAW 대전차로켓 발사기도 대거 들어왔다. 이스라엘군도 이렇게 본격적으로 대전차 장비를 갖추게 되었다.

소프트웨어 분야에서도 개혁이 이루어져 그 유명한 과학기술 전문장교 양성 프로그램인 탈피오트_{Talpiot} 도 1979년에 도입되었다. 탈피오트는 히브리어로 '산성', '성채', '요새'를 의미하며, '최고 중의 최고'를 뜻하기도 한다

기존 전차의 개량과 메르카바 전차의 등장

비록 최후의 승리를 거두긴 했지만, 그 전에 비해 엄청난 피해를 입은 4차 중동전의 결과로 이스라엘군은 다시 센츄리온의 개량에 나섰다. 적 보병의 육박공격을 막기 위해 주포 옆에 7.62㎜ 기관총을 부착했고, 전차장용 큐폴라 옆에 60㎜ 박격포를 부착하여 적의 대전차 미사일 진지와 보병을 공격할 수 있게 했다. 사격통제장비와 측정기에도 컴퓨터를 달아 현대화하였다. 또한 블레이저_{Blazer}라고 불리는 반응장갑을 부착하여 RPG7 등 대전차 화기에 대한 방어력을 크게 향상시켰다. M48과 M60 시리즈도 반응장갑을 부착하는 등 대대적인 개량에 나섰다. 앞서 말했듯이 이스라엘군은 M60A1

---

01   정확하게 말하면 갈릴 소총은 전쟁이 일어난 1970년대 초반에 개발이 완료되었고, 전쟁이
      일어난 1973년부터 공급이 시작되었지만 제한적이었다. 이스라엘 보병들은 욤 키푸르 전
      쟁 당시 FN 소총보다 노획한 AK소총을 더 선호했다. 갈릴이 주력소총의 자리를 차지한 시
      기는 1970년대 중반 이후이다. 갈릴 소총은 단축형도 있는데, 우지 기관단총 대신 전차병들
      의 호신용 총기로 보급되었다.

의 성능에 만족했기에, 추가도입은 물론 상당수의 M60A3도 도입하였다.

1975년 12월 초, 카할라니가 제7기갑여단장에 취임했다. 당연히 여단 전체가 축제분위기였는데, 그 사이 상당한 변화가 있었다. 제75기계화보병대대가 전차대대로 개편되었고, 제36기갑사단이 상비 사단으로 변경되어 여단도 그 예하에 들어가게 되었기 때문이다. 골란 고원의 전우인 제188기갑여단과 전통과 무훈에 빛나는 제1여단 즉 골라니 여단이 사단 예하에 배속되면서 동료가 된 것이다. 샤피르는 1976년 남부군 사령관에 올라 1978년까지 그 전선을 지켰다.

1977년 10월에는 벤 하난이 여단장이 되었는데, 2년간의 여단장 생활을 무사히 마친 카할라니가 직접 여단장 계급장을 달아주었다. 벤 하난은 1986년에는 기갑총감 자리에 오른다. 그가 재임 중인 1979년 4월에 여단은 큰 변화를 맞게 된다. 바로 전쟁 영웅이자 여단장 출신인 탈 장군이 개발을 진두지휘한 첫 번째 국산전차 메르카바 Mk1를 첫 번째로 장비하게 된 것이다! 메르카바의 시제 1호차는 욤 키푸르 전쟁 직후인 74년 완성되었다. 메르카바란 고대 이스라엘 군이 사용하던 '전차'의 고대어로, 다윗 왕조시대 이집트 파라오의 전차부대를 대파했던 메르카바 부대의 이름을 계승한 것이라고 한다. 이후 욤 키푸르 전쟁의 전훈을 반영한 메르카바 Mk1 전차가 처음 등장하자 세계 각국의 군사 관계자들은 경악했다.

무려 2,000개소 이상의 피탄지점을 조사할 정도로 실전 경험을 철저하게 반영됐다고는 하지만 메르카바 Mk1 전차의 외형은 독창적이라기보다 돌연변이에 가까울 정도로 기묘했다. 이 전차의 최우선적 목표는 전차병의 보호였다. 이를 위해 엔진을 차체 전방 우측에, 포탑은 차체 중앙에서 약간 후방에 배치했고 전체적으로 화살촉 모양의 포탑은 폭이 좁고 높이가 낮았다. 차체 후방에는 62발의 포탄을 적재할 수 있는 탄약고를 설치했고 포탄 재보급을 위한 출입문까지 설치했다. 경우에 따라서는 그 공간에 4명의 보병이 탑승할 수 있었다. 차체 밑은 장갑판을 구부려 V자형으로 제작하여 지뢰에 대한 방어력까지 확보했다. 또한 전차포신에도 장갑을 둘렀는데, 의외로 가늘게 보이는 포신에 명중탄을 맞는 경우가 많기 때문이다. 대신 기동력은 떨어졌지만 사막에서 시속 40㎞ 정도면 충분하다는 사실을 잘 알고 있는 이스라엘 전차병들에게는 별 문제가 되지 않았다. 센츄리온 개량형처럼 60㎜ 박격포까지 장비하고 있었으니 전차라기보다 자주포+장갑차에 가까운 이런 외형과 구조는 보편적인 전차 설계 개념과는 완전히 배치되는 것이었다. 또한 이스라엘 기갑부대가 과거에는 '창'이었지만 앞으로는 '방

라트룬의 탈 장군 기념비

패'에 가깝게 변신할 것이라는 것을 보여주는 하나의 상징이기도 했다.

사실 탈 장군은 다얀 국방장관 등 군 상층부와의 불화로 욤 키푸르 전쟁 다음 해인 1974년 군복을 벗었지만, 메르카바 개발만은 완수하고 싶다며 개발 참여를 요청했고, 5년 만에 완성해 낸 것이다. 그는 이 공로를 인정받아 그해 재입대를 허가받았고, 1989년까지 근무했다. 그의 얼굴을 새긴 기념비가 라트룬 전차박물관에 세워져 있다.

이집트와의 화해

욤 키푸르 전쟁은 이스라엘 정치에도 지각변동을 일으켰다. 아랍의 기습 허용에 대한 책임 추궁과 막대한 인명피해는 건국 후 권력을 독점했던 노동당에 대한 지지도가 큰 폭으로 하락시켰고, 결국 우파인 리쿠드 당의 베긴이 1977년에 총리에 올랐다. 그는 이미 언급한 대로 극렬 테러단체 이르군의 지도자였지만 강경 노선을 선택하지 않았다. 그의 기본적인 생각은 가장 강력한 적인 이집트를 전열에서 이탈시키고, 그 수단으로 시나이반도를 이용하는 것이었다. 즉 땅과 평화의 교환이었다.

사다트와 베긴은 모두 이집트와 이스라엘의 생존과 번영이 미국과의 강력한 우호관계에 달려 있음을 깨닫게 되었다. 특히 지미 카터James Earl Carter 대통령이 두 나라 중 하나를 양자택일하지 않겠다는 입장을 천명한 것은 이집트와 이스라엘 양국의 정상들에게 시사하는 바가 컸다. 두 사람 모두 미국과의 강력한 우호 관계야말로 그들이 만나야 하는 공통적인 기반임을 인정하지 않을 수 없었다. 그들은 미국과의 관계 개선을 위해서 협상 테이블에 나서는 것이 불가피하다는 결론을 내렸다.

두 정상은 각각 국민들에게 상대방에 대한 비방을 중단하게 하고, 상대에게 화해의 손길을 내밀기로 했다. 주변에서는 이구동성으로 그들이 극적인 제스처를 취할 수 있는 영화배우 기질이 다분한 인물이라고 평했다. 골다 메이어는 사다트와 베긴이 노벨 평화상 공동 수상자로 선정되었다는 소식을 접하자 농담이지만 '두 사람이 노벨평화상 수상자 감인지는 모르겠지만 오스카상을 받을 자격은 충분하다'라고 말했을 정도였다. 사실 사다트는 청년 시절에는 배우 지망생이었다.

사다트가 먼저 무대에 올랐다. 1977년 11월 9일, 이집트 국회에서 연설하던 사다트는 연설 원고를 돌연 옆으로 밀어놓더니 이스라엘과 화해할 수만 있다면 지구 끝까지라도 가겠다고 선언했다. 예루살렘을 방문해 이스라엘 국회 크네셋_{Knesset}에 평화 정착 방안을 제시하겠다는 결심을 밝힌 것이다. 이집트 의원들은 자신의 귀를 의심했다. 이 소식을 접한 이스라엘의 어느 누구도 그 말을 믿지 않았다. 물론 그렇다고 사다트는 구걸하듯 이스라엘을 방문할 생각은 없었다. 그는 이스라엘이 미국의 채널을 통해 초청 의사를 표시해야 한다고 생각했다. 이집트 내부에서의 반대가 너무 거세다 보니 베긴의 직접 초청을 수락할 수 없었다. 베긴이 11월 11일과 14일 양일에 걸쳐 언론을 통해 구두로 초청 의사를 밝히자 사다트는 문서로 된 초청장을 보냈으면 좋겠다고 말했다. 크네셋은 그 정도면 사다트의 진의가 충분히 드러났다고 판단했다. 서명이 담긴 베긴의 공식 초청장이 미 국무부를 통해 사다트에게 전달되었고, 1977년

11월 19일 초저녁, 사다트의 전용기가 텔아비브 외곽의 벤구리온 공항에 착륙했다.

사다트의 이스라엘 방문 그 자체도 역사적으로 위대하고 극적인 순간이었지만, 사다트가 크네셋에서 행한 연설이야말로 신기원을 이루는 사건이었다. 그의 연설을 듣는 국회의원들은 대부분 지난 다섯 번의 전쟁에서 장교나 병사로 참전한 경험이 있는 인물이었다. 12월 25일에는 베긴이 이집트로 답례 방문을 했다. 사다트는 미소를 지으며 당시 농업장관이었던 샤론에게 다시 운하 서안으로 건너온다면 체포할 것이라는 농담을 건네기까지 했다. 이에 지미 카터 대통령은 캠프 데이비드Camp David에서 미국·이스라엘·이집트 3자 회담을 열자고 제안했고 양국의 정상들은 이를 수락했다. 1978년 9월 17일, 숲이 우거진 캠프 데이비드에서 역사의 물줄기를 바꿔놓을 합의가 이루어졌다. 하지만 이집트는 아랍연맹에서 축출되는 등 큰 대가를 치러야 했다. 참고로 아랍연맹의 본부는 카이로에 있었다.

이집트와 이스라엘 사이의 평화 조약을 체결하기 위한 청사진의 이 협정의 핵심은 이스라엘이 시나이 반도에서 단계적으로 병력을 철수시켜 평화 협정 서명일로부터 3년 안에 이집트에게 돌려주기로 한 것이다. 대신 이집트는 이스라엘 선박들이 수에즈 운하를 안심하고 통과할 수 있도록 보장했을 뿐 아니라 이전에는 하늘이 두 쪽 나도 절대 합의할 수 없었던 양보를 했다. 즉 이스라엘을 정식 국가로 인정해주고 수교를 한 것이었다. 획기적인 협정이 체결되고 뒤이어 이집트·이스라엘 평화 조약이 체결되었지만 진정한 평화와는 거리가 멀었다. 1978년 골란 고원의 영웅 카할라니가 미 육군 지휘참모대학에 유학을 갔는데, 이곳에는 약 50개국에서 온

100여 명의 유학생들이 있었다. 이집트 등 아랍국가에서 온 유학생들도 있었는데 캠프 데이비드 협정에도 불구하고 그들과의 관계는 차가울 수밖에 없었다고 한다.[02]

결국 사다트 본인까지 희생자가 되었다. 1981년 10월 6일, 10월 전쟁을 기념하는 군대 행진 사열 도중 이슬람교 극단주의자의 총탄에 쓰러진 것이다. 다행히 후계자 호스니 무바라크Hosni Mubarak 는 아랍연맹에 복귀하고 PLO를 지원하는 등 전임자와 다른 노선을 걸었지만 이스라엘과의 국교는 그대로 이어나갔다. 두 나라의 관계는 '차가운 평화' 정도로 표현 될 수 있을 것이다. 이스라엘은 이렇게 시나이 반도 쪽의 안전은 어느 정도 확보했지만, 동쪽과 북쪽 특히 북쪽은 평화와는 거리가 멀었다. 1981년 12월 14일, 이스라엘 정부는 골란 고원을 정식으로 합병했다. 30곳이 넘는 정착촌이 건설되었지만. 현재 인구는 2만에도 미치지 못한다.

레바논 침공 : 5차 중동전쟁

이스라엘과 국경이 닿은 나라는 모두 적국이었지만 1970년대까지 그나마 가장 '덜 적대적인' 나라는 레바논이었다. 이슬람교도가 최소 80%가 넘는 다른 아랍국가와는 달리 레바논은 동방정교의 일파인 마론Maronite파가 40% 가까이 차지하고 이슬람교도 사이에서는 거의 이단시되는 드루즈Duruz파도 상당수를 차지하는 등 정부에서 인정한 종교나 종파가 13개나 되어 아놀드 토인비가 레바논을 '종

---

02   사우디아라비아의 왕족들도 유학을 왔는데, 카할라니는 미 해병대원들이 24시간 경호를 해주고, 가끔씩은 자가용비행기를 타고 주말에 파리를 다녀오기도 했다고 증언했다.

교의 박물관'이라고 부를 정도로 독특한 나라였기 때문이다. 따라서 수에즈 분쟁을 제외한 세 차례의 중동전쟁에서도 이스라엘에 선전포고를 하긴 했지만 별다른 교전은 없었다. 하지만 국내 문제는 달라서 1958년에 심각한 내전이 발생했지만 미국의 개입으로 마론 파는 권력을 유지하고 당분간 안정을 누릴 수 있었다.

하지만 1970년, 요르단에서 추방된 팔레스티나 난민들이 대거 레바논으로 유입되었고 레바논 남부는 팔레스티나 해방 기구(PLO)를 비롯한 팔레스티나 무장 세력들의 근거지가 되었다. 팔레스티나 무장 세력들이 이스라엘에 대한 무장 투쟁을 전개하면서 레바논의 호시절은 끝나가기 시작했다. 마론 파도 팔랑헤Phalange 라고 불리 우는 민병대를 만들어 팔레스티나 무장 세력과 자주 충돌을 일으켰다. 결국 1975년 2월, 어업권 문제로 마론 파와 비마론 파의 분쟁이 일어나 두 번째 내전이 벌어지고 말았다. 첫 번째 내전 때와는 달리 베트남에서 탈진해버린 미국은 개입하지 않았고 대신 시리아가 2만 명의 정규군을 동원해 개입했다.[03] 아랍 국가들의 중재로 시리아군은 평화유지군으로서 레바논에 남았고 6만 명의 희생자를 낸 2차 레바논 내전은 일단 끝이 났다. 하지만 1970년대가 끝나 갈 무렵에는 팔레스티나 무장 세력들의 활동이 다시 활발해졌다. 이렇게 되자 PLO는 팔랑헤 민병대와 이스라엘의 공동의 적이 되었고 두 세력은 점차 손을 잡기 시작했다. 자연스럽게 이스라엘과 시리아의 무력 충돌이 잦아졌고 아사드 시리아 대통령은 더 많은 병력을 레바논에 보냈다.

---

03   아사드는 레바논이 '대 시리아'의 일부라고 주장하면서, 합병을 노렸고 이를 이루지 못하더라도 종주권이라도 행사하려 했다. 따라서 외교관계를 맺지 않았고, 베이루트에 대사관도 없었다. 쿠웨이트가 이라크의 일부라고 주장했던 후세인과 비슷하다고 할 수 있다.

사실상 국경지대를 자신들의 자치령으로 확보한 PLO는 소련제 로켓포와 중포로 이스라엘 북부 특히 갈릴리 지방을 공격하였고 이스라엘 역시 공군을 동원하여 강력한 보복을 가하는 악순환이 이어졌다. 결국 1978년 3월 11일에는 PLO 대원 11명이 텔 아비브 인근에 상륙하여 35명의 시민을 죽이는 대참사를 일으켰다. 사흘 후, 이스라엘군은 레바논을 침공하여 일시적이긴 하지만 리타니 강까지 진격하였고, 유엔 평화유지군이 주둔하기에 이르렀다. 하지만 평화유지군은 무능했다. PLO의 공격은 여전히 위협적이어서 북부 갈릴리 지방의 주민들은 일상생활이 어려울 정도였고, 많은 이들이 남쪽으로 이주하기에 이르렀다. 이렇게 되자 결국 군부 내에 강경파들이 득세하였다. 1982년 4월, 파리에서 외교관들이 공격을 받아 중상을 입고, 두 달 후, 런던에서 주영 대사 슬로모 알고브_{Shlomo Argov}가 중상을 입기에 이른다. 강경파의 리더인 국방장관 샤론은 지상군을 동원하여 PLO의 근거지를 뿌리 뽑는 레바논 남부 침공 작전을 입안했다. 당시 총리는 여전히 베긴이었다. 작전명은 이스라엘 입장에서는 너무나 당연한 '갈릴리의 평화'로 정해졌다. 때는 욤키푸르 전쟁이 끝난 지 10년도 안 된 1982년 6월이었고 이 전쟁은 레바논 침공 또는 5차 중동전쟁이라고 불린다.

　랍비들도 '정신적 전쟁'에 나섰다. 레바논 남부는 과거 이스라엘 왕국을 이루었던 12지파 중 납탈리_{Naphtali}와 아세르_{Asher} 지파의 땅이었으니, 이 공격은 '종교적 의무'라며 병사들을 고무시켰던 것이다.

　레바논 침공에 동원된 이스라엘군의 규모는 엄청났다. 자료에 따라 다르지만 최소한 5개, 최대 8개의 기갑사단이 동원되었다. 병력은 최소 6만 명 이상이고 12만까지도 보는 이들도 있다. 투입된 전차도 1,200대가 넘었다. 더구나 당시의 이스라엘 기갑부대는 하드웨어와 소프트웨어 모두 업그레이드된 상태였다. 그들이 보유한 센츄리온, M48과 M60, 그리고 자국산 최신 전차 메르카바는 모두 105㎜ 전차포로 통일되었고 엔진과 구동장치를 표준화하여 부품 수급과 교환을 용이하게 만들었다. 메르카바 전차는 물론 M60을 외관이 완전히 달라질 정도로 개량한 마가크7도 투입되었다. 또한 레이저와 컴퓨터 사격 통제 장치와 자이로에 의한 포탑과 포신의 안정으로 이동 간의 포격 특히 초탄 명중률이 엄청나게 향상되었다. 또한 유무인 정찰기로부터 표적에 대한 정보를 제공 받아 무장 헬기와 협동 작전을 하거나 확산탄을 사용하여 적의 전차와 보병을 분리한 후 각개격파하는 전술까지 연마했다. 방어 면에서도 메르카바 전차 개발 외에도 보병의 대전차화기에 대응하기 위해 반응 장갑을 채용하여 장족의 발전을 이룬 상태였다. 이런 대병력의 투입이 가능했던 이유는 역시 이집트와의 평화협정으로 시나이 반도에 대한 위협이 제거된 덕분이었다.

이스라엘군의 목표는 세 가지였다. 첫 번째는 당연히 레바논 내 PLO의 완전한 축출이었고, 두 번째는 이스라엘 공군의 공습을 방해하는 베카Beqaa 계곡의 대공 미사일 기지의 완전한 제거였다. 마지막은 정치적 목표였는데, 레바논의 기독교 민병대와 제휴하여 레바논을 친 이스라엘 국가로 만드는 것이었다! 군사적으로는 PLO의 본부가 수도 베이루트Beirut에 있었기 때문에 그곳까지 진격하여 레바논의 절반을 장악하는 것이 목표였다. 당시 이스라엘군 참모총장은 욤 키푸르 전쟁 때 제36기갑사단장 이었던 에이탄이었다. 하지만 과거의 주전장이었던 시나이 반도와 골란 고원과는 달리 레바논은 인구가 밀집된 나라였고 시돈Sidon 이나 베이루트 같은 대도시들이 많았다. 이렇게 전혀 다른 환경이 어떤 결과를 가져 올 지는 아무도 알 수 없었다.

욤 키푸르 전쟁의 마지막을 장식했던 헤르몬산 탈환 전투를 지휘했던 북부군 사령관 아미르 드로리 소장이 지휘하는 레바논 침공군은 해안을 따라 올라가는 서로군과 중로군, 동로군으로 나뉘어 작전을 진행했다.[04] 제7기갑여단 역시 레바논 침공에 참가하였고, 욤 키푸르 전쟁 때처럼 제36기갑사단에 속해 중로군에 소속되었다. 골란 고원의 방어는 동원 부대들이 메우게 되었다. 골란 고원의 두 전우 제188기갑여단과 최정에 제1여단, 즉 골라니 여단도 사단의 일원이었다. 골라니 여단의 부여단장은 훗날 참모총장에 오르는 가비 아시케나지Gabi Ashkenazi 중령이었다. 그 외에도 포병여단과 공병대대, 군수지원단이 배속되었다.

사단장은 그사이 승진한 카할라니 준장이었고, 제7기갑여단장은 골란 고원의 혈투에서 카할라니의 오른팔을 맡았던 부대대장 출신 카울리 대령이었다. 하지만 제7과 제188 두 기갑여단이 모두 작전하기에는 중부 축선이 너무 좁기 때문에 제7기갑여단은 동로군의 제252기갑사단으로 전속되었다. 당시 카할라니 사단장은 자식과 강제 이별하는 아버지처럼 마음이 내키지 않았다고 한다.

9년 전의 여단장 벤 갈은 소장이 되어 동로군 사령관을 맡았다. 그는 1년 전, 북부사령관직을 그만두고 미국 유학을 갔다 와서 또다시 야전부대를 이끌고 시리아군과 싸우게 된 것이다. 서부군의 선봉을 맡은 제211기갑여단장 에리 게바Eli Geva 역시 카할라니 대대 출신이었다. 당시 그는 32세로 최연소 여단장이었다!! 어쨌든 그들의 집단적인 고속 출세는 많은 눈총을 받을 수밖에 없었다.

---

04 동부, 중부, 서부군으로 할 경우, 혼돈의 우려가 있어 편의상 서로, 중로, 동로군으로 표기했다.

제7기갑여단 출신 장교들은 욤 키푸르 전쟁 직전 골란 고원으로 배치된 후 북부군 사령부로 완전히 전속되는 과정에서 고위 장교 인적자원이 거의 사라진 바라크 제188기갑여단을 대신해 북부 사령부 핵심요직을 독식하다시피 했다. 침공군의 지휘관들은 주로 욤 키푸르 전쟁에서 골란 고원 쪽에서 싸웠던 장교 출신들이 많았다. 레바논은 산악지대가 많았으므로 시나이 쪽에서 싸운 장교들은 아무래도 뒤로 밀린 것이다. 그럼에도 제36기갑사단의 기본적인 임무는 골란 고원을 방어하는 것인데, 굳이 제 자리에서 빼내 레바논 침공에 참여해야 하냐는 의문을 표시하는 이들이 많았다. 즉 전투력의 낭비라는 의미였다. 카할라니는 자서전《전사의 길》에서 이런 고백을 했다.

> 그들의 말이 옳기는 했지만 나는 그것을 듣고 싶지 않았다. "우리 사단은 레바논으로 진격하는 데 가장 유리한 부대요. 왜냐하면 우리가 북부지역에 위치하고 있어 이곳으로부터 곧장 전장에 진입할 수 있고, 또 막강한 전투력이 있기 때문이요. 그리고 나는 레바논에 가서 할 임무가 많이 있어요. 나는 골란 고원에 가만히 앉아서 당신들이 전투하는 것을 구경이나 하고 싶지 않소!"

중로군은 나바티야Nabatiyah 까지 진격하다가 갈라져 한 갈래는 그대로 북진하고 한 갈래는 해안에서 서부군과 합류할 예정이었다. 서부군과 합류할 부대가 바로 제36기갑사단이었다. 6월 6일, 또 전쟁이 시작되었다.

순조로운 진격

한편, 이렇게 막강한 이스라엘군과 맞설 PLO와 시리아군의 규모는 어느 정도였을까? PLO는 약 1만 5천 명의 전투병과 놀랍게도 500대에 가까운 전차, 각종 화포 240문을 보유하고 있었지만, 상당수는 고색창연한 T34/85였다. 참고로 북부 갈릴리 주민을 괴롭혔던 카츄샤 로켓포의 일부는 북한제였다고 한다. 그래도 PLO군은 대전차화기만은 다양하고 충분히 장비하고 있었다. 이스라엘은 가능한 한 시리아군과는 싸우지 않을 방침이었지만 싸울 각오는 하고 있었고 승리할 자신도 있었다. 레바논에 주둔하고 있는 시리아군의 규모는 자료에 따라 다르지만 3만에서 4만 명의 병력과 약 300대의 전차 그리고 450문의 야포, 그리고 20개 안팎의 대공미사일 포대였다. 우세한 공군까지 감안하면 중동전쟁 사상 처음으로 이스라엘은 압도적인 전력으로 전쟁을 시작했던 것이다.

6월 6일 오전 5시 30분, 북부사령부 상황실에서 샤론 국방장관과 에이탄 참모총장이 주관하는 최종 브리핑이 열렸다. 그리고 몇 시간 후인 오전 11시, 공군의 대대적인 공습과 함께 제7기갑여단의 최신형 메르카바 전차와 다른 여단의 업그레이드된 센츄리온 '쇼트' 전차가 국경을 넘었다. 프랑스군 등 평화유지군은 순순히 길을 열어 주었다. 사단은 두 갈래로 나누어 하나는 리타니 강의 카르달레_{Khardlae} 다리를 넘어 아르눈 고원으로 향할 것이었다. 다른 갈래는 역시 리타니 강에 걸려 있는 카칼렛 다리를 건너 천 년 전 십자군이 건설한 뷰포트_{Beaufort} 요새를 함락시키고 나바티야를 거쳐 예찐_{Jezzine} 부근으로 진격할 예정이었다. 두 달 전인 3월 30일, 아라파트는 이곳에서 자신만만하게 이곳에서 기다리고 있을 테니 쳐들어 와보라

현재의 뷰포트 요새

고 큰소리 친 바 있었다. 사단은 리타니 강을 별 손해 없이 건너는 데 성공했다. 개전 첫날 가장 중요시된 목표물 중 하나는 PLO가 장악하고 있는 뷰포트 요새였다. 이 요새는 북쪽 능선을 제외하고는 깎아지른 암반 위에 자리 잡고 있어 PLO는 이 요새를 이스라엘 공격용 관측기지로 사용하고 있었지만 이스라엘군 입장에서는 다마스쿠스로 향하는 도로를 감제할 수 있는 장소였다. 폭격이나 포격으로는 거의 타격을 줄 수 없었기에 골라니 여단 소속 2개 중대가 갈고리를 이용해서 야간에 암벽을 기어올랐다. PLO 병사들은 요새에서 격렬하게 저항했으나 이 공격에 효율적으로 대응하지 못했다. 신형 갈릴 소총으로 무장한 골라니 여단 병사들은 격렬한 백병전 끝에 요새를 점령하고 말았다. 하지만 구니 하르니크 소령의 전사라는 큰 대가를 치렀다. 전역 직전 휴가를 갔다가, 전쟁이 일어나자 자원입대한 인물이었다.

시리아 군과의 재대결

둘째 날, 제36기갑사단은 좁은 산길로 진격하면서 강력한 PLO의 저항을 받았지만 나바티야와 아르눈 고원을 거의 장악하는 데 성공했다. 진격을 거듭하는 이스라엘군은 예찐 부근에서 첫 번째로 시리아군과 접촉하였다. 사실 시리아군은 이스라엘군과 싸울 생각은 없었지만, 자신들의 레바논 점령지를 빼앗기고 이스라엘군이 그 땅을 차지하거나 레바논에 친 이스라엘 정부가 들어서는 사태는 막아야 했다. 이스라엘 정부는 시리아와의 전쟁을 원하지 않는다는 내용의 공식발표를 했음에도 두 나라 군대의 충돌은 불가피했다.

카할라니의 제36기갑사단은 예정대로 서쪽으로 진격하는 동안 제252기갑사단에 배속된 제7기갑여단은 동부전선에서 시리아군을 상대하게 되었다. 동부전선은 가장 지형이 험했기에 시리아군은 강력한 대전차 미사일과 화기를 가진 특수부대를 매복시켜 전차 사냥에 나선 데다 강력한 대전차 지뢰 역시 벤 갈의 발목을 잡았다.

침공 사흘째가 되는 6월 8일, 중부전선의 예찐 부근에서 두 나라의 기갑부대가 드디어 충돌했다. 하루 동안 격전이 벌어졌지만 시리아군은 여전히 이스라엘 군의 상대가 아니어서 고지대로 밀려났고 이스라엘군은 카로운_{Qaraaoun} 호수 서쪽에서 지중해에 이르는 몇 개의 도로를 장악했다. 서부전선에서는 가장 완강하게 저항하는 시돈 부근의 팔레스티나 난민 캠프인 아인 엘 헬웨흐_{Ain el-Helweh}가 이스라엘 군 진격의 가장 큰 장애물이었다. 제91기갑사단은 일부 부대를 카할라니 사단에 합류시켜 캠프에 대한 공격을 지원하였다.

동부전선의 산악지대는 수목이 무성해서 전차를 은폐하기에 용이한 지형이었다. 그래서 이스라엘군은 시리아 전차의 초탄이 발사되면 정교한 사격통제 장치를 이용하여 즉각 반격하였고, 특히 코브라나 500MD 공격헬기가 시리아군의 전차 종대를 발견하면 맨 앞과 뒤 전차를 토우 미사일로 격파하여 대열을 와해시켰다. 물론 그 후의 처리는 전차부대의 몫이었다. 6월 9일, 베카 계곡 상공에서 벌어진 대공중전의 패배로 제공권을 상실한 시리아군 제1기갑사단은 분전에도 불구하고 입체전을 펼치는 이스라엘군에 비해 평면전 밖에 할 수가 없어 아주 불리한 입장이었다. 또한 벤 갈은 부대의 일부를 카로운 호수 오른쪽으로 우회시켜 제1기갑사단의 우측을 강타했다. 결국 시리아군은 150대에 가까운 전차를 잃고 후퇴할 수밖에 없었다.

그 사이에 카할라니의 사단은 시돈을 점령하고, 해안가를 따라 진격하는 서로군은 6월 8일에는 이미 베이루트 외곽까지, 중부전선을 맡은 부대는 베이루트-다마스쿠스 가도를 차단할 수 있는 지점까지 도달해 있었다. 시리아 군은 본토에서 증원군을 보내기 시작했고, 그 가운데는 125㎜ 활강포를 장비한 최신형 T72형 전차를 장비한 제3기갑사단도 있었다. 이로써 레바논에 진주한 시리아군 전차는 거의 700대에 달하게 되었다.

하지만 6월 11일 오전, 제7기갑여단의 메르카바 전차는 105㎜ 주포에서 발사한 M111포탄으로 T72 9대를 격파해 시리아군을 압도했다. 이스라엘 공군의 지원까지 더해지면서 30대 이상의 전차가 격파되자, 시리아군은 더 이상 내놓을 카드가 없었다. 이스라엘은 6월 11일 정오에 일방적으로 전투를 중지하겠다고 선언했고, 공중전과 전차전에서 모두 패해 예상을 훨씬 넘는 피해를 입은 시리아군은 결국 11월 정오, 휴전에 합의해야만 했다. T72 전차 한 대 이상이 노획되어 이스라엘 기술진에 의해 분석되었다. 물론 잃은 것도 없지는 않았다. M111포탄을 장비한 M48A5 전차 한 대가 시리아군에게 노획되어 소련에게 전달되었기 때문이다. 당연히 소련은 이 포탄을 테스트하였고, 그 성능에 감탄하였다. 어쨌든 PLO는 립 서비스만을 남발하는 아립세계에서 고립된 채 서베이루드에서 절망적인 농성전 외에는 '대안'이 없는 상황으로 몰렸다.

전쟁의 승리 그러나…

이스라엘군은 불과 6일 만에 레바논 남부, 국토의 거의 절반인 4,500㎢를 점령하고 시리아와 PLO를 완벽하게 제압하여 또 한 번의 전쟁에서 승리한 듯 보였다. 특히 동 베이루트를 장악하고 있는 마론 파의 팔랑헤 민병대와 합류하자 전쟁은 완전히 끝난 것 같았다.

하지만 이스라엘의 침공에 대해 '주권국가를 짓밟았다'라는 전 세계의 비난이 쏟아졌고, 이미 시돈에서 격렬한 시가전을 벌여 수많은 민간인을 희생시킨 이스라엘로서는 독 안에 든 쥐 신세가 되어 최후의 결전을 준비 중인 PLO와 시리아군 패잔병들과의 서 베이루트 시가전을 벌이는 게 만만치 않은 일이었다. 그래도 병사들은 곧 귀국하리라 낙관하며 한 때 중동의 파리라 불린 베이루트(정확히는 동 베이루트)의 쇼핑가에서 과자와 홍차, 비디오테이프를 구입해 전차 장갑판 아래에 숨겨둔다는 달콤한 꿈을 꿨다.

이 낙관론은 6월 14일에 아인 엘 헬웨흐Ain el-Helweh 캠프가 집요한 저항 끝에 함락되면서 더 퍼져나갔다. 그러나 이 캠프의 격렬한 저항은 이스라엘 장병들에게 필요 이상의 증오심을 심어주었고, 석 달 후에 일어날 비극을 묵인하게 되는 원인 중 하나가 되었다.

이스라엘 병사들은 포로들을 폭행하며 이런 폭언을 했다고 한다.

> "너희는 원숭이 족속이자 테러리스트다. 우리는 네놈들
> 의 머리를 까부술 테다! 나라를 원한다고? 달에다가 세
> 우든가!"

그러나 '진짜 전쟁'은 이제 시작이었다. 이스라엘은 베이루트를 포위했지만 직접적인 시가전에 돌입하기 보다는 확성기로 항복을 권고했고, PLO는 이스라엘군의 정밀폭격에 맞서 건물 지붕에 노약자로 만든 인간 사슬을 만드는 극단적인 방법으로 맞섰다. 더구나, 6월 22일 시리아군과의 전투가 다시 벌어졌다. 베이루트-다마스쿠스 가도의 요충지인 알레이$_{ALey}$에 도사리고 있는 시리아군과 PLO부대에다가 시리아 본토에서 증원군까지 도착해 베이루트 포위망을 위협하고 있었기 때문이었다. 이스라엘 공군의 맹폭격과 함께 치열한 전투가 사흘간 이어졌고 이스라엘 군은 28명의 전사자를 냈지만, 적군을 동쪽으로 밀어내는 데 성공했다. 다시 정전에 합의했지만 불안하기 그지없는 미봉책에 불과했다.

전쟁이 길어지자 이스라엘 병사들의 군기도 이완되어 레바논인들의 일본제 차량 등 전리품을 사유화하는 추태를 부린 자들도 나타났다. 하지만 더 충격적인 일이 벌어졌다. 제211기갑여단장 게바 대령이 민간인 살상을 이유로 전투를 거부하고, 여단장직에서 해

최근의 에리 게바

임된 초유의 사태가 일어난 것이다! 그는 이후 이스라엘군 출신 중 도덕적 불복종의 상징으로 남아있다.

한편, 이스라엘군은 사실상 처음으로 생긴 동맹—2차 중동전 때 영국과 프랑스는 '동맹'이긴 했지만, 같이 싸운 적은 한 적은 없었 다—인 마론파 민병대의 잔혹함에 질리고 있었다. 오랜 기간 증오 하던 이슬람교도들을 짓밟을 기회가 생기자 그들은 PLO와 무관 한 이슬람교도들까지 마구잡이로 죽이거나 학대했으며, 심지어 시 신을 훼손하는 만행까지 서슴지 않았다. 야전 지휘관들은 이런 실 상을 군 지휘부와 정부에 보고했지만 저지하라는 명령은 내려오지 않았다. 타국의 영토를 침공했다는 엄청난 정치적 부담을 진 이스 라엘 정부 입장에서는 마론 파의 존재는 몇 안 되는 전쟁의 명분 중 하나였기 때문이었다. 사실 애초에 군기가 제대로 안 잡혔고 상대 방에 대한 감정까지 안 좋은 민병대를 개입시켰을 때부터 이런 사태의 진행은 거의 당연하다고 볼 수 있으니 이스라엘에서 이런 사태를 전혀 예측하지 못했다면 정말 어리석은 일이라 아닐 수 없다. 결국 이러한 이스라엘의 어리석음과 불안한 입지는 파국을 불러오고 말았다.

PLO의 레바논 철수와 전쟁의 군사적 결과

서베이루트 포위는 장기화되었지만 PLO의 유일한 희망인 '아랍 형제 국가'들의 군사 지원은 전무했고, 9년 전 같은 석유무기화도 전혀 일어나지 않았다. 위험부담이 너무나 큰 이스라엘과의 군사충돌을 두려워하기도 했지만 지나친 테러 활동과 PLO의 경직성은 아랍 국가들에게조차도 경원시되었기 때문이다. 그렇다고 해도 아랍의 대의가 얼마나 허구적인가를 증명하는 것이기도 했다. 이렇게 되자 이스라엘군은 마음 놓고 마론파 민병대와 함께 서베이루트로 밀고 들어가기 시작했다. PLO의 저항은 필사적이어서 10대 초반의 소년들에게 RPG-7 대전차 로켓을 주어 이스라엘군을 공격하도록 했을 정도였다. 여담이지만 PLO 전사들의 상당수는 사우디아라비아에서 원조해준 M16으로 무장하고 있었다. 베를린 전투 직전 10대 초반의 소년들에게 판처 파우스트Panzerfaust만 주고 전쟁터로 내몬 나치 독일이 연상되었는지 이 아이들을 이스라엘과 서방에서는 'RPG 키드'라고 불렀다. 베긴은 한 술 더 떠 도시에 고립된 아라파트를 베를린 지하벙커에 갇혀있던 히틀러에 비유하는 망언을 하기도 했다. 승패는 이미 명확해졌지만, PLO가 압도적인 전력 차이에도 불구하고 두 달 가까이 버텨냈다는 자체가 놀라운 일이었다.

어쨌든 이 지경에 이르자 내전 당시 PLO의 지원을 받았던 이슬람교도들조차 그들을 버리기 시작했다. 서방과 아랍 국가들의 특사들이 활발하게 움직이는 사이에 PLO의 거점은 점점 해안가로 밀려났다. 결국 PLO 내부에서조차 서베이루트 유지는 불가능하다는 결론이 내려졌고 튀니지로의 철수가 결정되었다. 8월 21일, 레바논과 튀니지의 종주국이었던 프랑스군이 PLO의 철수를 엄호하기 위해 베이루트에 상륙했고 1만 4천 명의 PLO 전사들은 베이루트를 떠났다. 8월 30일, 아라파트와 PLO 지도부는 그리스 선박을 타고 아테네_{Athens}로 떠났다가 튀니지로 본부를 옮기게 되었다. 이들은 거의 최소한 두 번째, 많이 서너 번 미래가 불확실한 유랑길에 오르는 것이었다. 그래서인지 적지 않은 수의 베이루트 시민들을 그들을 영웅으로 생각했다. 하지만 레바논에서 떠난 이상 이전 같이 이스라엘 영토에 대한 직접적인 공격은 불가능하게 된 것이다.

8월 23일, 마론파 민병대의 지도자 바시르 제마엘_{Bashir Gemayel}이 레바논의 새 대통령으로 선출되었다. 잔인하기는 했지만, 혼란을 극복하는데 필요한 높은 추진력과 결단력이 있었기에 베긴도 큰 기대를 걸었고 레바논 내의 반이스라엘 세력을 일소하리라 굳게 믿고 있었다.

여기서 이스라엘군의 전과와 손해를 살펴보자. 시리아군은 욤키푸르 같은 전면전이 아니었음에도 400대가 넘는 전차와 헬기를 포함 100대가 넘는 항공기, 20개가 넘는 대공미사일 포대를 잃었다. 500명 이상이 전사했으며 1천 명이 부상당했고, 250명이 포로가 되면서 완패하고 베카 계곡만 겨우 지키는 상황이었다.

격렬하게 저항했던 PLO는 2천 명 이상이 전사하고, 그보다 많은 전사들이 포로가 되었으며 중장비는 거의 잃었다. 300대가 넘는 전차와 기지와 터널에 비축해둔 3만 정이 넘는 소화기와 트럭 100대 분이 넘는 탄약은 이스라엘군의 전리품이 되었다. 이스라엘군은 남부 레바논을 휩쓸면서 터널과 아파트의 지하실에서 이런 무기들을 찾아냈다. 이런 엄청난 무기들과 요새화 된 거점들의 발견은 이스라엘의 레바논 침공을 조금이나마 '정당화'해 주는 듯 했다.

이에 비해 이스라엘군은 140대의 전차가 파괴되었지만 완파된 전차는 30,40대에 불과했다. 대부분이 M60 계열이었고 일부가 센츄리온이었다. 인명피해는 300명이 전사했으며, 1600명 정도가 부상을 입었다. 인명 손실은 적지 않았지만, 이번 전쟁은 이스라엘의 군사적 자신감을 극대화 시켜 주었다. 그전과는 달리 완전한 주도권을 잡고 압도적인 전력으로 전쟁을 시작했으며, 앞서 언급한 바 대로 군기에는 다소 문제가 있었지만, 에이탄 참모총장을 비롯한 지휘부의 지휘도 완벽에 가까웠기 때문이다. 또한 제7기갑여단의 메르카바 전차는 한 대가 파괴되기는 했지만, 전차병들을 보호해서 '보험회사'라는 애칭까지 얻게 되었다. 특히 후방 출입구는 적에게 노출되지 않고 승하차를 할 수 있어 훌륭한 탈출경로를 제공해 주기에 전차병들의 격찬을 받았다. 《바시르와 왈츠》에서 이 장면이 잘 묘사되어 있다. 갈릴 소총 역시 무겁다는 단점은 있었지만 성능을 인정받았다. 공군 역시 100대에 가까운 손실을 입은 욤 키푸르 때와는 달리 거의 손실 없이 시리아 공군기 100대 가량을 격추시키고 대공미사일 포대까지 제압했을 뿐 아니라 지상군까지 지원하는 완벽함을 보여주었다. 정보부대 역시 그 능력을 보여주었지만, 의문점도 남겼다. PLO가 비축한 장비가 예상보다 10배에 가까웠다는 사실은 베긴을 놀라게 하기 충분했기 때문이었다. 하지만 이런 놀라운 전과와 전술적 성과는 불과 한 달도 지나지 않아 빛을 잃고 말았다.

파국 그리고 이스라엘군의 변화

9월 14일 저녁 10시, 동 베이루트 교외에 있는 팔랑헤 당사에서 대폭발이 일어나 대통령 정식 취임을 9일 앞둔 바시르 제마엘이 즉사했다. 범인으로 추정된 시리아 정보부원이 체포되었지만 아직까지도 이 사건의 책임자가 누구인지는 명확히 규명되지 않고 있다. 그의 죽음은 이스라엘과 중동 전체를 뒤흔들어 놓았다. 지도자를 잃은 팔랑헤 당원들은 복수심에 불탔고 그 분풀이 대상은 사브라 Sabra 와 샤틸라Shatila에 만들어진 팔레스티나 난민 캠프였다.

9월 16일 저녁 9시, 기독교 민병대가 이스라엘군이 전차와 병사로 포위하고 발사해준 조명탄의 도움을 받아 PLO 패잔병들을 수색한다는 명분으로 사브라와 샤틸라 캠프에 진입했다. 〈뉴스위크 News week〉의 특파원이 직접 확인해 본 결과, 이스라엘군의 지휘소에서 난민촌까지의 거리는 250보에 불과했다. 사흘 동안 기독교 민병대는 난민촌의 팔레스티나 양민들을 무참히 학살했다. 남녀노소 할 것 없이 대부분 도끼나 대검으로 사지가 절단되는 극도로 잔인한 방법으로 학살되었다. 그들은 희생자의 가슴에 칼로 십자가를 새기기까지 했다. 오늘까지도 정확한 사망자 수는 알 수 없지만, 3,000여 명 이상으로 추정되며, 최소 절반 이상이 여자와 아이들이었다. 이 참사가 일어날 즈음, 카울리의 뒤를 이어 제77전차대대의 중대장이었던 메이어 '타이거' 자미르가 여단장에 취임했다.

바시르의 형 아민 제마엘이 대신 대통령 자리에 올랐지만, 정치력이나 카리스마에서 동생과 비교될 수 없었다. 레바논은 다시 혼란에 빠져들었고 이스라엘도 정치적으로 큰 타격을 입었다. 텔아비브에 수십만의 시민이 모여 정부에 항의했다. 국제적 압력에 밀려 대법원장 이츠하크 카한_itzhak Kahan_을 수장으로 하는 조사위원회가 구성되었다. 조사위원회는 이스라엘은 국방장관 샤론과 참모총장 라파엘 에이탄의 책임을 물어 현직에서 해임시키도록 하였다. 83년 2월 샤론은 사임하지 않을 수 없었고, 7개월 후 베긴 총리도 공식적으로 사임하고 아예 정계를 은퇴했다. 하지만 키신저조차 조사 결과에 대해 비난할 정도로 진상은 밝혀지지 않았으며, 형사 처벌을 받은 이는 아무도 없었다. 현장 사령관인 드로리도 북부사령관의 임기를 다 마친 다음 미국 연수까지 다녀왔다.

이스라엘군은 여론의 악화로 1983년 9월부터 철수를 시작했지만 어디까지나 중부에 한정된 철수였다. PLO 축출이라는 목적에는 시아파도 동조하고 있었지만, 레바논 남부를 이스라엘의 영향권에 두려는 의도가 드러나자 레바논의 각 정파도 적대감을 드러냈으며 1983년 10월 16일, 나바티야에서 이스라엘군이 시아파 민간인에게 총격을 가하는 사건이 발생하자, 이후 격렬한 저항에 시달리기 시작했다. 매복공격, 차량을 이용한 자살폭탄공격, 폭탄테러 등 수단과 장소를 가리지 않은 공격 앞에 이스라엘군은 끝없는 수렁에 빠져들었다. 하루 100만 달러가 넘는 주둔비용이 소모되었고 1985년 10월, 국경지대에 만든 '안전지대'를 제외하고 남부에서 철수하기까지 1,200명이 넘는 전사자를 포함해서 5,000명이 넘는 가까운 사상자를 내는 참담한 결과를 내고 말았다. 레바논은 강도는 조금 약할지 모르지만 이스라엘의 '베트남'과 '아프가니스탄'이 되고 만 것이다. 또한 이제 화려한 전차전과 공중전으로 상징되는 이스라엘군의 모습은 다시 보기 어렵게 되었다. 무엇보다도 레바논 전쟁은 이스라엘군이 확실한 전략목표를 가지고 실행한 마지막 전쟁이 된 것이다. 그동안, 제7기갑여단은 골란 고원으로 돌아갔는데, 1985년 7월, 카할라니의 부하였던 아브라함 팔란트가 여단장에 취임했다.

하지만 이스라엘이 엄청난 손실을 입었다고 해도 역시 최대의 피해자는 레바논 국민이었다. 최소로 잡아도 15만, 최대 23만이 죽었고, 100만에 달하는 사람이 다치거나 평생 불구가 되었으며, 35만 명이 난민 신세가 되었으니 말이다.

전차 개조 중장갑차의 등장

레바논 전쟁 과정에서 이스라엘군의 젤다는 RPG7과 대전차 미사일에 의해 큰 손실을 입었다. 따라서 더 강력한 중장갑을 가진 장갑차의 필요성이 대두되었고, 더군다나 전투가 과거처럼 사막에서의 기동전이 아닌 도시 등 협소한 공간에서 벌어질 확률이 높아진 데다 중무장한 거점을 공격하기 위해서는 젤다 같은 기존의 보병전투차와는 차원이 다른 중장갑차가 필요했다. 사실 1969년부터 이스라엘 기갑부대는 셔먼의 포탑을 떼어내고 내부에 의료진과 4명의 부상병을 수용할 수 있는 장갑 앰뷸런스를 개발하여 운영한 바 있었기에, 이를 바탕으로 중장갑차의 개발이 시작되었다. 참고로 이 장갑 앰뷸런스는 이스라엘군 최초로 엔진을 앞쪽으로 옮기고 후방에 병상을 마련하는 형태로 제작되었는데, 메르카바 전차 개발에도 일정한 영향을 미친 듯하다.

어찌 보면 탈 장군이 아단 장군과 보병전투차 논쟁을 벌일 때 주장했던 중장갑차가 이렇게 실현된 셈이다. 노후화된 센츄리온-쇼트 전차를 베이스로 단기간 내에 나그마 쇼트_{Nagmasho}'t를 개발해 1984년에 일선에 배치했다. 최초의 현대식 중장갑보병전투차인 셈이다. 나그마 쇼트는 히브리어로 APC란 뜻의 히브리어 Nagma와 Sho't를 합친 것이다. 이 중장갑차는 적의 거점 소탕이 주목적이었지만 강행정찰도 가능했다. 포탑 대신 직사각형 지붕이 있는 전투실을 배치하고, 8명의 보병이 탑승하는 나그마 쇼트는 MAG 7.62㎜ 범용 기관총과 Mk.19 40㎜ 자동 유탄 발사기 및 M2HB 12.7㎜ 중기관총을 무장으로 갖추고 있었는데 여러 면에서 실험적 성격이 강한 차량이었다.

결국 1990년대에 들어서 나그마쇼트는 더 강력한 장갑을 갖춘 나그마촌_{Nagmachon}과 나크파돈_{Nakpadon}으로 진화했다. 아마 나그마쇼트가 시가전을 치르기엔 뭔가가 부족했기 때문일 것이다. 나그마촌의 전투실은 그 기괴한 모습 때문에 '개집'이라는 좋지 않은 별명을 얻었는데, 운영 결과 크건 작건 차체에서 튀어나온 전투실은 불필요한 것으로 판명되었다. 성공작은 아니었는지 '나그 시리즈'의 생산량은 알 수 없지만 새로운 중장갑차 개발에 큰 도움이 되었음은 확실하다. 나그마촌은 승무원 2명이 탑승하며, 10명의 보병을 수용할 수 있다.

나크파돈은 높아진 방호력과 추가 장비 때문에 50톤을 초과하게 되어 새로운 컨티넨탈 AVDS-1790-6A 900마력짜리 엔진으로 바꿔달았다. 이 엔진은 초기 메르카바 전차에 사용된 것과 동형이었다. 나트파돈은 나크피론_{Nakpilon}이라는 새로운 파생형을 낳았는데,

나그마 쇼트

이 차량은 후방이 아닌 전방에 방어력이 강화된 출입문을 단 것이
가장 큰 특징이다. 이 차량은 공병들이 사용하는데 이 중장갑차의
정면 출입문은 가자 지구의 생명선인 터널[05]에 빠르게 접근할 수 있
게 해준다.

---

05 1990년 대 초반부터 가자 지구의 팔레스티나인들은 인접한 이집트의 도시 라파로 연결하
    는 터널을 뚫었는데, 당시에는 무기를 조달하기 위한 것이라 두 개 정도 밖에 되지 않았다.
    그러나 2006년 하마스 집권 이후 생필품 조달을 위해 점점 늘어났다. 2006년 가자전쟁 발
    발 후에는 천 여 개에 달했을 정도였다. 현재는 이스라엘군에 의해 폐쇄된 것이 많아, 실제
    운영되는 것은 500개 정도로 추정된다.

움직이는 성을 연상시키는 나그마촌. 400대 이상이 생산되어, 나그마 시리즈 중 가장 많은 수를 자랑한다.

나크파돈

제 7 기갑여단사

계속되는, 그러나 달라진 전쟁

메르카바 Mk2와 Mk3의 등장

　레바논 침공을 통해 제7기갑여단이 장비했던 메르카바 Mk1 전차는 그동안의 논란을 완전히 불식시켰고 현존하는 전차 중 가장 실전적인 전차라는 찬사까지 받았지만 대전차 미사일과 보병용 대전차 장비에 피격될 경우 손상을 입어 방어력 보완이 필요하다는

메르카바 MK2

지적을 받았다. 따라서 증가장갑을 추가하고 사격통제 장치를 개량했으며 자국산 변속기로 교체하여 항속거리가 늘어났다. 60㎜박격포 역시 내부에서 발사할 수 있는 방식으로 바꾼 Mk2 전차가 개발되었다. 기존의 Mk1도 Mk2로 모두 업그레이드되었는데, 제7기갑여단의 전차 역시 모두 메르카바 Mk2로 교체되었음은 당연한 일이었다.

1987년 5월에는 카할라니 대대의 중대장이었던 에프라임 라오르가 여단장에 취임했는데, 그는 '골란 고원의 영웅들' 중 마지막 여단장이었다. 1988년 여름에는 소장으로 승진하지 못한 카할라니가 자신의 고향이나 마찬가지인 제7기갑여단에서 퇴역을 했다. 여단원들은 온갖 이벤트로 그를 즐겁게 해주었는데, 마침 그의 아들 드로르도 여단의 일원이었다.

이스라엘 육군은 3세대 전차로는 능력이 부족한 메르카바 Mk2로 만족하지 못하고 계속 탈 장군을 내세워 120㎜ 활강포를 탑재한 메르카바 Mk3를 개발하여 1989년 5월 10일 독립기념일에 첫선을 보였다. 공격력뿐 아니라 모듈식 장갑을 도입하여 중량은 감소했지만, 방어력은 오히려 향상되었고, 1200마력의 디젤 엔진을 도입하여 기동력도 시속 55㎞까지 높아졌다. 특히 360도 회전이 가능한 파노라마식 조준경 장비에 주목할 필요가 있다. 앞서 여러 번 지적했지만, 이스라엘군은 전차장의 육안감시를 중요시하여 전차장이 상체를 전차 밖에 내놓고 전투하다가 높은 전차장 사망률을 냈지만, 이 장비의 도입으로 그럴 필요가 줄어들었다. 물론 360도 조준경이라 해도 육안보다는 못하기에 여전히 상반신을 노출하는 방식이 없어진 것은 아니었다. 제7기갑여단은 이제까지의 전통과는 달리 메르카바 Mk3를 첫 번째로 장비하지는 못했다. 전우인 제188기갑여단이 먼저 장비하였고, 그 다음에야 장비할 수 있었던 것이다.

노획전차 활용 그리고 중장갑차의 보편화

이스라엘 육군은 6일 전쟁에서의 대승리로 많은 선리품을 얻었는데, 그 중에서 가장 눈에 띄는 존재는 900여대의 소련제 전차였다. 대부분은 T54/55였는데, 이스라엘군은 이들 중 일부는 통신장비와 엔진, 주포를 바꾸어 티란$_{Tiran}$이라는 이름의 '혼혈전차' 개조하였다.[01] 182대가 개조된 이 전차는 제11동원기갑여단과 제274동원기갑여단 등에 배치되어 욤 키푸르 전쟁 당시 맹활약하였다. 전투력은 만족스러웠지만, 인체공학적 구조가 아니어서 거주성 등은 좋지 않다는 평가를 받았다.

티란 전차는 다른 나라의 T54/55 개조에 좋은 모델이 되었는데, 아이러니하게도 이집트가 가장 대표주자이다. 그들은 T54 전차에 이스라엘과 거의 같은 주포를 다는 등 거의 같은 방법으로 개조하여 람세스 2세$_{Ramesses\ II}$라는 거창한 이름을 붙여 2004년부터 생산하고 있기 때문이다. 이스라엘은 그래도 남은 전차들을 레바논 마론파 민병대에 숫자는 미상이지만 상당수를 공여해주었고, 앞서 이야기했듯이 우방국에 실험용으로 넘겨주거나 해외시장에 팔기도 했다. 이에 비해 약 200대 정도로 추정되는 T62는 기관총은 당연히 교체하고, 열 열상 장비, 레이저 거리계, 통신장비 정도만 바꾸어

---

01   이스라엘군은 노획전차를 무조건 사용하지는 않았다. 예를 들면 105㎜ 주포 및 엔진 교환이 어려운 M47 전차는 요르단으로부터 수십 대를 노획했음에도 쓰지 않고 버렸기 때문이다. 1950년대 M47을 도입하고자 애썼지만 실패했던 과거를 상기해보면 아이러니한 일이 아닐 수 없다.

티란 전차

그대로 사용했는데, 이스라엘 전차병들은 거주성 등의 문제로 전체적으로 낮은 평가를 내리고 있지만 115㎜ 주포의 위력만은 높이 평가하고 있다. 이것을 T62I라고 부른다.

　그 외에도 많은 수의 소련제 BTR50 장륜식 장갑차가 제11동원기갑여단 등 적지 않은 부대에서 사용했고, 수에즈 운하를 도하하여 이집트 제3군 포위작전 등에서도 활약했다. 수륙양용 경전차인 PT76도 수량은 알 수 없지만 노획하여 사용한 사진이 있는데, 기관총 정도를 제외하면 적어도 하드웨어 면에서는 별다른 개량은 하지 않았던 것이 확실하다. 그래도 많은 수의 T54/55가 예비물자로 비축되어 있었다. 이스라엘군은 미국이 개발하던 M2 브래들리Bradley 보병전투차를 도입하여 개량하려 했지만, 기술적인 문제로 실패하고 말았다. 그래서 나그마 쇼트가 개발된 이후, 잉여장비인 T54/55에게 눈을 돌렸다. 포탑, 차체 상부와 보병전투차에 필요 없는 장비들을 모두 들어 올려 6톤을 줄였지만, 복합장갑을 더해 기존의 36톤보다 훨씬 무거운 44톤이 되었다. 전면은 T72의 125㎜ 활강포탄을 측면은 40㎜ 포탄을 견딜 수 있을 정도의 강도를 자랑했다. 엔진과 통신장비는 모두 교체하였는데, 이렇게 개발된 아크자리트Achzarit는 전차의 차체를 이용했다는 특성 때문에 중장갑차로 분류된다. 나그마 시리즈의 교훈을 살려 상부 전투실은 만들지 않았다.

아크자리트는 장비보다 병사들의 목숨이 중요한 이스라엘군의 교리에 따라 개발된 중장갑차라고 볼 수 있다. 적어도 이론상 전면장갑은 T72의 주포인 125㎜ 포탄을 여러 발 막을 수 있을 정도이다. 물론 기존의 차체를 이용했기에 개발 비용도 크게 절감되었다. 다만 무장은 빈약해서 중기관총 무인총탑에 7.62㎜ FN MAG 또는 12.7㎜ M2 브라우닝 중기관총을 달았고, 별도로 보병 지원용 60㎜ 박격포나 40㎜ 다연발 유탄발사기를 장비했을 뿐이었다. 이 무인총탑은 방탄유리여서 차장이 밖을 관찰할 때 방어력을 갖추도록 설계되었다. 차장과 기관총수, 조종수가 승무원이고, 보병 7명이 탑승할 수 있다. 수량은 정확하게 알 수 없지만, 최소 200대, 최대 300대에 정도라고 한다.

이 중장갑차는 이스라엘군이 참가한 모든 분쟁에서 활약했으며, 특히 레바논이나 팔레스티나 같은 시가전이 잦은 지역으로 대량 투입되었다. 이에 만족한 이스라엘은 티란 전차를 대부분 아크자리트로 개조하기까지 했다.

이어서 노후화된 센츄리온 쇼트 전차를 푸마Puma 라는 이름으로 아크자리트와 비슷하게 개조했지만 아크자리트와는 달리 공병전차 버전으로 차장과 포수, 운전수 그리고 5명의 공병으로 총 8명이 탑승한다. 지뢰 제거용 롤러(RKM Nochri)나 도저 또는 카펫이라고

아크자리트 중장갑차

푸마 공병전차

나메르 중장갑차. 나메르는 히브리어로 호랑이라는 의미이다.

불리는 지뢰 제거 장비를 장착하고 있다. 카펫은 로켓 추진 폭발물로 100m 정도의 지뢰밭을 쓸어버릴 수 있다. 푸마 역시 몇몇 특화된 파생형이 있으며 현재 이스라엘군에서 가장 일반적인 전투 공병 차량으로, 무장인 60㎜ 박격포 3문과 기관총 3정은 아크자리트와 마찬가지로 차 내에서 발사할 수 있다. 6발짜리 발연탄 발사기도 달려있다. 푸마는 헤즈볼라의 전쟁에서 좋은 평가를 얻었다고 한다. 이스라엘군은 푸마와는 별도로 센츄리온의 차체에다 155㎜ 유탄포를 올린 M72자주포를 1986년에 개발하여 실전에 배치했지만, 수량이 어느 정도인지는 알 수가 없다.

이스라엘군은 자국산 '메르카바' 전차의 자체를 이용한 나메르 Namer 라는 새로운 중장갑차를 개발해 2008년부터 아크자리트를 대체하면서 예비역으로 물러나게 했다. 50t이라는 중량에 걸맞게 지구상에서 보병들을 가장 안전하게 지켜주는 장갑차일 것이다. 531대를 조달할 예정인데, 현재까지 정확하게 알 수는 없지만, 절반 정

나그마팝

도만 생산되어 현역에 배치된 듯하다. 승무원은 3명이고 보병은 9명이 탑승하지만 유사시에는 12명까지 가능하다.

이와는 별도로 나그마팝Nagmapop 이라는 새로운 개념의 장갑차량도 등장했다. 나크파돈의 또 다른 파생형으로 2000~2005년에 개발되었다. 이 차량은 후방에 5~6m 길이의 망원봉telescopic Pole 이 있는데 경우에 따라 35m까지 올릴 수 있다. 열상 관측창을 포함한 센서가 달린 장비로, 나그마팝은 광역 감시용 이동식감시탑인셈이다. 나그마팝은 정찰부대가 운용하고 있다.

걸프전쟁과 이스라엘

1991년 8월 2일, 이라크의 독재자 사담 후세인Saddam Hussein 이 쿠웨이트를 침공하면서 시작된 걸프전쟁은 이스라엘과 직접적인 관계는 없는 전쟁이었지만, 말려 들어갈 수밖에 없었다. 후세인은 쿠웨이트 점령이 이스라엘의 팔레스타나 '강탈'과 다를 바 없다고 주장하면서, 침략을 정당화하려고 하였다. 물론 이런 주장은 무시되었지만, 후세인은 이를 시작으로 이스라엘을 전쟁으로 끌어들여 아랍 민중을 자기편으로 끌어들이려 했던 것이다. 이라크는 이란과의 전쟁 중에 스커드 B 지대지 미사일의 사정거리를 늘인 알 후세인 Al Hussein 미사일을 개발해 놓았었는데, 이것을 서부 지방에 배치해 이스라엘을 공격하려 했고, 결국 이를 실행에 옮겼다.

1991년 1월 8일 오전 3시경, 알 후세인 미사일이 텔 아비브와 하이파를 강타했다. 다행히 사망자는 나오지 않았지만 158동의 건물이 파괴되고 47명의 중경상자가 나왔다. 나흘 후에도 한 발이 텔 아비브 근교에 떨어져 96명의 부상자가 발생했다. 이렇게 되자 이스라엘 국민들은 늘 전시 상황에 사는 것과 마찬가지였고, 사망자가 나오지 않았음에도 패닉에 빠졌다. 그 이유는 세 가지였다. 첫째는 이스라엘이 이런 미사일을 요격할 수 있는 방공미사일이 없다는 것이었고, 둘째는 다음 미사일에는 화학탄이 장착될지도 모른 다는 것이었다. 마지막으로는 미국과의 관계 때문에 군사적 보복을 할 수 없다는 두려움 때문이었다.

이츠하크 샤미르 총리가 첫 공격 후 바로 조지 부시 대통령에게 전화를 걸어 강력하게 항의했지만 이스라엘은 사상 처음으로 이라크에게 보복공격을 하지 못했다. 대신 미국은 알 후세인 미사일 발사대 사냥에 많은 공을 들였고, 실제로 많은 발사대를 파괴했다. 또한 패트리어트 방공미사일을 이스라엘에 제공해 자체 방어가 가능하도록 하는 것도 잊지 않았다. 이런 이유로 이스라엘은 이라크에 보복공격을 하지 않았는데, 걸프전쟁은 이스라엘이 당하고도 때리지 않은 유일한 예외로 남았다. 어쨌든 이라크군이 2월 말 무너질 때까지 이스라엘 국민들은 방독면을 늘 휴대해야만 했다.

이스라엘과 직접적인 관계는 없지만, 아라파트가 이끄는 PLO는 이라크의 군사력을 과대평가하여 후세인을 지지하는 치명적인 오류를 저질렀다. 결국 산유국들의 지원이 끊기고 팔레스티나 노동자들이 추방되는 등 아랍권 내에서도 고립되고 말았다. 레바논에 이어 연속으로 실패를 거듭한 아라파트는 결국 정치적 타협을 선택할 수밖에 없게 되었다.

정치적 측면과 별도로 기술적인 측면에서 이스라엘의 미군 지원도 이루어졌는데, 바로 지뢰 제거 장비였다. 모든 것을 다 가졌을 법한 미군도 이 장비는 원래 부족했다. 이스라엘은 이 분야 전문가와 장비를 풍부하게 보유했고, 위치도 가까웠다. 참고로 당시 그들의 주력 지뢰제거 장치는 소련제 KMT-5의 복제품이었다. 욤 키푸르 전쟁 당시 노획한 이 장비의 성능에 만족했기 때문이었다.[02] 미군이 원하기만 하면 기꺼이 지원받을 수 있지만 아랍과의 협조가 중요한 총사령관 노먼 슈워츠코프_{Norman Schwarzkopf} 대장 입장에서는 곤란한 문제가 아닐 수 없었다. 결국 극비리에 장비 도입을 추진하기로 결정했다. 미 해병 공병대의 메릴 마라포티 대령은 일부러 유럽을 경유하여 이스라엘을 방문했고, M-60 전차용 지뢰 제거 쟁기 30대와 지뢰 제거용 롤러 19대를 지원받았다. 일부는 이스라엘 측에서 무상으로 제공했다. 미 공군의 초대형 수송기 C-5 갤럭시_{Galaxy}는 일부러 미 본토를 경유해 사우디로 장비를 수송하는 번거로움을

---

02   이미 다루었지만, 다연장 로켓포, 아크자리트 중장갑차, 티란 전차, 갈릴 돌격소총 등 이스라엘군이 쓰는 소련제 장비의 비중은 상당하다. 좋은 것이라면 출신을 가리지 않고 자기들의 것으로 만드는 이스라엘군의 면모를 잘 알 수 있는 예이기도 하다.

감수하면서 아랍 진영이 눈치 채지 못하게 했던 것이다. 단 이 지뢰 제거 장비가 제7기갑여단과 관계가 있는 것인지는 알 길이 없다.

가자 지구와 하마스

1967년 이전, 법률상 이집트 영토였지만 팔레스티나 난민들이 모여 살던 가자 지구는 면적이 서울시의 절반이 약간 넘는 360㎢로 현재는 100만 명이 넘게 몰려 살고 있는 인구 과밀지역이다. 1967년 6일 전쟁 때, 이 지역은 이스라엘에게 점령되었고, 이스라엘과 이집트와의 평화협정이 체결되어 시나이 반도에서 이스라엘군이 철수했지만 가자 지구는 예외였다.

이스라엘은 가자 지구 주민들에게 일자리를 제공했지만 가장 중요한 전기와 수도를 이스라엘에 통합하는 방식으로 운영함과 동시에 교통과 통신을 장악하여 이 지역을 사실상 식민지화 했다.[03]

이런 억압된 생활을 20년 이상 보낸 주민들의 분노는 1987년 12월 8일에 이스라엘군의 트레일러와 팔레스티나 차량 두 대가 충돌해 4명이 사망하면서 폭발하고 말았다. 다음날 일어난 시위에서 17세의 소년이 죽자 시위대는 3만 명으로 불어나 이스라엘 경비병과 충돌하였고 부녀자까지 가세하면서 가자 지구 봉쇄까지 이어졌다. 12월 14일, 가자 지구의 카리스마 넘치는 성직자 아메드 야신Ahmed Yassin이 이슬람저항운동(아랍어 머리글자를 따 Hamas라고 부른다. 이후 하

---

03   이스라엘이 공급하는 전기와 수도는 주변 아랍 국가들의 그것보다 훨씬 질이 좋긴 하지만 이곳 주민들은 가장 중요한 생존수단을 '이스라엘의 선의'에 의존할 수밖에 없는 신세가 된 것이다.

마스라고 호칭)을 창설했다. 시위 소식을 들은 서안 지구의 팔레스티나인까지 봉기하면서 두 지역은 전쟁 상태나 다름없게 되었다. 더욱 충격적이었던 것은 아랍계 이스라엘인까지 총파업에 돌입했다는 사실이었다. 훗날 인티파다(Intifada, 봉기)라고 불리는 이 항쟁은 PLO의 지시 없이 자연적으로 발생한 것으로 중동정세에 엄청난 영향을 주게 된다. 야신은 이스라엘 당국에 구속되었지만, 오히려 그의 영향력은 커져갔다. 우리나라에도 번역 출간된《6일 전쟁, 50년의 점령》의 저자 아론 브래크먼Ahron Bregman은 1982년 레바논 침공에 포병 장교로서 참전한 경력이 있었는데, 인티파타를 무자비하게 진압하는 조국에 회의감을 느끼고, 결국 영국으로 건너나 조국을 비판하는 저작을 많이 남긴다.[04] 인티파타 기간 동안 많은 어린이들이 희생되었는데, 이스라엘인들은 40여 년 전 영국이 자신들에게 자행했던 논리 즉 부모들이 아이들을 시위에 내몰았다는 주장을 태연하게 펼치기도 했다.

한편, 상시 전쟁 상태나 다를 바 없게 된 이스라엘에서도 일부 지도자들이 팔레스티나과의 타협을 통해 평화체제를 구축해야 한다는 의견들이 고개를 들기 시작했고, 6일 전쟁 당시 참모총장이었던 이츠하크 라빈이 이 세력의 지도자로서 등장했다. 그가 이끄는 노동당이 1992년 6월 총선거에 승리하면서 걸프 전쟁 이후 궁지에 몰린 아라파트와의 대화를 시작했다. 미국의 중재로, 1993년 9월 3일, 워싱턴에서 라빈과 아라파트가 만났고, 가자 지구와 서안지구를 팔레스티나 자치 정부에 넘긴다는 내용의 협정을 체결했다. 그러

---

04   《팔레스티나 비극사》의 저자 일란 파페 역시 브레크만과 비슷한 입장이지만, 그의 관심사는 1948년 종족 청소에 집중되어 있다. 파페는 브레크만과 달리 욤 키푸르 전쟁에 참전한 바 있다.

총리 시절의 아리엘 샤론

나 이 협정은 근본적인 한계와 양쪽 내부의 반발로 원활하게 진행되지 않았다. 그럼에도 이 협정은 이스라엘 경제에 큰 도움을 주었다. 이후 중국을 비롯한 20개국 이상과 외교 관계를 수립했고, 특유의 첨단 기술을 팔아 떼돈을 벌어서다. 결국 1995년 11월 4일 밤, 라빈 총리가 텔아비브 시청 앞에 열린 평화집회에 참석했다가 광신적인 대아랍 강경파 청년에게 암살당했다. 당시 라하트 시장이 바로 옆자리에 있었다. 이후 하마스의 자살폭탄 테러로 이스라엘의 주요 도시와 점령지의 정착촌은 피로 물들었다.

1996년 5월 총선거에서 대 팔레스티나 강경파인 리쿠드 당이 집권하여 기존의 협약을 무시하고 정착촌의 확대를 강행했다. 2000년에는 더 강경한 아리엘 샤론이 집권하자 2차 인티파타가 일어났고 무자비한 진압을 강행하며 피가 피를 부르는 악순환이 계속되었다. 특히 2002년 3월 27일 벌어진 텔 아이브 인근의 한 휴양시설에서 벌어진 자살폭탄 테러는 끔찍했다. 무려 29명이 죽고 140명이 다쳤다. 이스라엘군은 서안 지구를 전부 점령하고 보복에 나섰다. 4월 9일, 제닌_Jenin에서는 이스라엘 병사 13명이 매복공격을 당해 전사하자, 불도저로 가옥을 밀어 주민들을 생매장시키거나, 저항세력에 대한 인간방패로 사용하는 전쟁범죄를 저지르기도 했다. 2003년 3월, 미국이 벌인 이라크 전쟁도 이런 강경책에 힘을 불어넣었고, 결국 2004년 3월 22일, 창설자 야신도 이스라엘군이 발사한 미사일에 희생되고 말았다. 하지만 초강경파 샤론조차도 몇 년 동안 계속된 피의 악순환에 질려버렸다. 2005년에 가자 지구의 20%를 차지하는 유대인 정착촌의 철수를 실행하는 유화책을 시작했고 리쿠드당을 탈당하여 전진이라는 의미의 카디마_{Kadima} 당을 창당하고 팔레스티나과의 공존을 기본 정책으로 내세우는 놀라운 변신을 보여주었다.[05] 결국 샤론 역시 전쟁영웅이었던 라빈과 마찬가지로 무력만으로 평화를 이룰 수 없다는 결론에 이르게 된 것이다.

그러나 2006년 1월 4일, 77세의 샤론이 뇌졸중으로 쓰러지면서 그의 정책은 미완으로 끝나고 말았다. 더구나 그가 쓰러진 지 21일 후에 벌어진 팔레스티나 자치정부 선거에서 하마스가 과반수의 의석을 차지하는 압승을 거두어 주류였던 파타가 완전히 몰락하면서 사태는 더욱 악화되었다. 하마스의 승리는 파타 지도부의 부패로 인한 반작용이었지만 무력투쟁 노선을 계속하려는 하마스와 그들과의 대화 자체를 거부하는 이스라엘 정부가 정면충돌하면서 사태는 점점 악화되었다. 결국 2006년 6월, 가자 지구 남부에서 이스라엘 병사 두 명이 피살되고 한 명이 납치되면서 이스라엘 육군이 가자 지구를 침공하는 사태까지 벌어진다. 하마스 측도 이스라엘 본토를 향해 엄청난 수의 로켓공격을 가하면서 사태는 점점 악화되었다. 그리고 결국 2008년에 제7기갑여단의 '마지막 전쟁'인 가자 전쟁이 벌어지기에 이르게 된다.

메르카바 Mk 4와 트로피 능동방어시스템

2004년부터 실전에 배치된 메르카바 Mk.4는 MK.3보다 더욱 강

---

05   가자 지구 정착촌 유지비용이 너무 과다하기 때문에 철수했다는 반론도 만만치 않다.

화된 모듈식 복합장갑을 설치하여 포탑의 좌우가 상당히 넓어졌다. 즉 포탑의 대형화가 가장 눈에 띄는 변화인 것이다. 당연히 피탄 면적이 늘어났지만 두껍고 무거워진 고경도 장갑판과 복합장갑 덕분에 방어력은 더욱 강해졌다. 또한 모듈식 장갑이기 때문에 피탄 부분을 신속하게 교환할 수 있다. 다만 늘어난 상부면적으로 인해 EFP를 비롯한 상부공격 지능탄에 취약해졌는데, 이것은 조금 뒤에 설명할 트로피 능동방어 시스템으로 만회한다.

초기 모델은 상부 공격 지능탄 방어를 위해 아예 탄약수용 해치도 없애버리고 전차장용 해치만 있었으나, 실제 운용 결과 불편하다는 반응이어서 후기 생산 전차들은 탄약수용 해치를 부활시켰다. 자동 표적 추적 체계나 전장 관리 체계 같은 새로운 전자 장비들도 도입되어 보다 효과적인 전투가 가능하다.

전차의 심장은 독일제 MTU883 엔진을 기반으로 한 제네럴 다이내믹스 GD883 1,500마력 파워팩으로 교체되었다. 덕분에 이전 모델들이 들었던 덩치에 비해 출력이 부족하다는 평가는 더 이상 듣지 않게 되었다. 동시에 파워팩의 크기가 줄어든 덕분에 조종수의 시야도 좋아졌다. 10연발 리볼버 형태의 장전장치도 도입되었는데, 반자동이긴 하지만 장전수의 부담을 크게 줄여준다. 360도 회전이 가능한 차장조준경도 도입되었는데, TV 카메라가 4대나 부착되어 있어 전투 시 안전하게 외부를 둘러보거나 후진할 때 유리하다.

실전 배치된 메르카바 Mk4는 첨단 전자기술이 집약된 준 4세대 전차로 평가받지만, 이번에도 제7기갑여단은 이 전차를 먼저 장비하지 못했다. 물론 현재는 메르카바 Mk4로 교체되었다. 2007년에는 트로피 시스템 장비 계획을 발표하였고 실제로 장착되어 2016

메르카바 Mk.4

년부터 장착된 전차들을 운용 중이다. 나메르 중장갑차에도 같은 시스템이 장착되었음은 물론이다.

트로피 시스템은 2009년 8월에 등장했는데, 기갑사에 남을 또 하나의 작품이라 할 수 있다. 트로피 시스템의 이스라엘 국방군의 정식 영문명은 윈드브레이커Windbreaker이고, 외부에서는 트로피 능동 방어시스템 (영어: Trophy active protection system) 또는 ASPRO-A(영어: Armored Shield PROtection – Active)이라고 부른다. 라파엘 고등 방위 시스템사가 이스라엘 항공 우주 산업의 엘타 그룹과 공동으로 개발하여 생산하고 있다. 이 시스템은 기갑 전투 차량에 장착되어 로켓이나 미사일 공격을 수많은 파편으로 요격하여 보호할 수 있다. 2009년 8월 여러 번의 시험을 거쳐 이스라엘 국방군은 트로피 시스템을 실전배치하기로 했고, 비교적 빠른 시간 내에 모든 이스라엘 기갑부대의 전차에 설치되었다.

이 시스템에는 F/G 밴드 화기 관제 레이다와 차량에 장착된 4개의 판형 안테나가 360도 전방을 감시한다. 차량을 향해 무기가 발사 되었을 때는 내부 컴퓨터가 다가오는 위협물질의 종류를 판별한다. 판별한 후에는 요격탄을 발사할 시간과 각도를 계산하여 차량의 양 쪽에 설치된 요격탄 발사기에 전달한다. 그러면 요격탄이 발사되고 적절한 위치에서 폭발하여 내장된 수많은 금속 파편으로 위협체를 제거한다.

요격 범위는 매우 좁기 때문에 차량을 보호하는 보병들의 피해를 최소화할 수 있다. 이 시스템은 거의 모든 종류의 대전차 미사일과 로켓을 방어할 수 있게 설계되었다. 동시에 여러 방향에서 오는 위협체를 요격할 수 있고, 차량이 정지 중일 때와 이동 중일 때 모두 요격 가능하며, 단거리/장거리의 위협체에 대해 효과적이다. 최근 개량된 트로피 시스템은 재장전 기능이 추가되어 여러 번 발사할 수 있다. 또한 운동 에너지탄도 요격할 수 있도록 연구 중이다. 하지만 2021년에 벌어진 하마스와의 무력충돌에서 메르카바 Mk4 한 대가 하마스가 발사한 대전차미사일에 의해 완파되면서, 트로피 시스템 역시 완벽하지는 않다는 사실이 증명되기도 했다.

2006년 7월 :
헤즈볼라의 전쟁 / 2차 레바논 전쟁

헤즈볼라Hezbollah는 1982년, 이스라엘의 레바논 침공 후, 이에 맞서는 시아파 무장저항조직으로 탄생했다. 사상적으로는 1979년의 이란 이슬람 혁명의 영향을 많이 받았는데 헤즈볼라라는 이름 자체가 '신의 당'이란 의미이다. 탄생하자마자 이스라엘군과 치열하게 싸우며 전투 경험을 쌓았고 자살폭탄테러를 적극적으로 활용하여 이스라엘을 끈질기게 괴롭혔다. 1983년 헤즈볼라는 세계적으로 그 이름을 떨치게 되었다. 4월 18일 레바논 주재 미국 대사관 건물에 자살차량폭탄테러를 감행하여 건물을 말 그대로 날려버렸다. 분노한 로널드 레이건Ronald Reagan 대통령이 보복을 다짐했지만 오히려 10월 23일 평화유지군으로 베이루트에 주둔하고 있던 미 해병대와 프랑스군 막사에 차량폭탄테러로 미군 241명과 프랑스군 58명을 죽이는 엄청난 일을 저질렀다. 이 대가로 헤즈볼라는 자살특공대원 두 명만 잃었을 뿐이었다. 레이건 시대의 미국이라지만 이 공격에는 결국 버티지 못하고 레바논에서 철수하고 말았다. 이리하여 헤즈볼라는 전 아랍권에서 이 두 번의 공격으로 미국을 이긴 영웅으로 추앙받았고, 이를 기반으로 급격히 성장했다. 따지고 보면 이스라엘이 보잘 것 없던 헤즈볼라를 키워준 셈이었다.

이스라엘은 국경지대에 안전지대 또는 보안지대라고 부르는 점령지대를 계속 유지했지만, 헤즈볼라 등 게릴라에게 계속 시달리다가 결국 2000년에는 이조차 내어놓고 완전히 철수하게 되었다. 하지만 이스라엘의 '베트남'이자 '아프가니스탄'인 레바논의 악몽은 끝나지 않았다.

2006년 7월 12일, 헤즈볼라는 대담하게도 대낮에 국경을 넘어 이스라엘 병사 7명을 죽이고 2명을 납치하고는 이스라엘이 억류하고 있는 아랍인과의 교환을 요구하는 도발을 벌였다. 샤론의 후계자인 에후드 올메르트Ehud Olmert 총리는 헤즈볼라의 도발을 전쟁행위라고 단정하고 보복을 공개적으로 선언했다. 그러자 헤즈볼라는 7월 14일, 로켓탄을 하이파의 주택가에 퍼부어 사상자까지 발생했다. 이 로켓탄은 1.8m 정도의 크기인데, 자전거의 크기의 발사대에서 손쉽게 발사하고 이동할 수 있었기에 일일이 격파한다는 것은 이스라엘군이 아무리 유능하다고 해도 어려운 일이었다. 이스라엘은 공군을 동원해 대규모 폭격을 가했고, 7월 22일 아예 납치된 병사 두 명을 구하고 헤즈볼라를 견제할 목적으로 1만 5천 명 규모의 지상군을 동원해 본격적인 전쟁에 나섰다. 당시 이 작전에 대한 국민들의 지지율은 90%였다. 지리적 직진 목표는 리타니 강이있고 그 이남의 헤즈볼라의 전력을 전멸까지는 아니더라도 치명적인 손실을 주어 무력화하는 것이 전술적 목표였다. 헤즈볼라의 전투 병력은 약 1만 명이었다.

그러나 이스라엘군은 침공 초기부터 이란의 지원을 받은 헤즈볼라의 거센 저항에 부딪쳤다. 막강한 화력과 공중 지원을 앞세워 밀고 들어갔지만 보병전투에서는 오히려 헤즈볼라 대원들에게 밀렸으며 제401기갑여단은 헤즈볼라의 매복공격을 받았다. 결국 그들이 보유한 이중 탄두가 달린 최신 러시아제 9M 코넷Kornet 대전차 미사일에 메르카바 Mk2 전차 11대가 피탄되었고, 전차병만도 8명이나 전사하는 적지 않은 피해를 입었다. 좁은 통로를 이용한 헤즈볼라의 전술에 이스라엘군은 이도 저도 못하면서 피해만 늘어났다. 8월로 넘어가자 1만 5천 명의 예비역을 추가로 동원해서 7개 여단 3만 명에 이르게 되었다. 제7기갑여단 역시 이 전투에 참가했고 특히 헤즈볼라의 거점인 빈트 즈바일Bint Jbail—아랍어로 '산의 딸'을 의미—함락에 큰 역할을 했다. 남부 레바논 전역에 헤즈볼라가 구축한 정교한 참호 네트워크와 무기고이자, 병력들이 산재해있는 모든 마을을 소탕한다는 것은 레바논 영토를 완전히 점령하지 않고서는 불가능한 일이었다. 따라서 전투는 점점 꼬여갔고, 설상가상으로 적에 대한 정보부족, 예비역 부대의 장비 부족, 지휘부와 정치권의 우유부단함으로 인한 축차적인 투입 등으로 일반 병사 특히 예비역 부대와 공수부대 병사들은 지휘부에 대한 불만을 커질 수밖에 없었다. 더구나 하이파에는 계속 로켓이 떨어졌다. 이스라엘군의 신경질적인 공격에 레바논 민간인 피해까지 속출했다. 특히 M109 자주포로 민간인에게 사용 금지된 백린 연막탄까지 쏘아대어 국제적인 비난을 받으면서 여론전에서도 패하고 말았다. 결국 이스라엘군은 일부만 리타니 강에 도달하는 데 성공했을 뿐, 작전목표 달성에 실패하고 말았다.

결국 이스라엘군은 철수할 수밖에 없었다. 이 '34일 전쟁'에서 헤즈볼라와 레바논 민간인은 1,200명이 죽었는데 3할 가량이 어린이였다. 도로와 주택, 공장, 양수장, 상점, 사무실, 주유소 등 기간시설이 엄청난 피해를 입었음은 물론이다. 이스라엘은 공식 발표로도 117명이나 전사했는데, 헤즈볼라의 인명 피해는 시신 확인만 530명 정도였으니 이스라엘은 별다른 전과를 거두지 못한 셈이었다. 메르카바 전차 외에도 아크자리트 중장갑차도 수십 대나 파괴되었다고 한다. 그나마 헤즈볼라의 군사거점들을 베카 계곡 지역을 제외하면 대부분 파괴했다는 사실이 위안이라면 위안이었지만 이조차도 시간은 걸리겠지만 복구하면 그만이었다. 게다가 유네스코_{UNESCO} 문화유산인 바알베크_{Baalbek} 신전까지 폭격을 해 손가락질을 받는 '덤'까지 얻고 만 것이다.

헤즈볼라는 '승리'를 선언했고 아랍 국가들은 이 '승리'에 열광했으며 헤즈볼라의 지도자 하산 나스랄라_{Hassan Nasrallah}는 살라딘에 비교될 정도로 아랍 세계의 영웅으로 떠올랐다. 이 승리가 결국 방패로 삼은 레바논 국민의 희생을 담보로 이루어졌다는 비판도 적지 않았다. 그럼에도 헤즈볼라의 이념에 비판적인 레바논 지식인들조차도 '헤즈볼라가 레바논의 국가적 자존심을 살렸다'라고 했으며, 부상당한 전사들이 처녀들의 최고 신랑감이 될 정도로 그들의 성과만은 인정받았다. 이스라엘군은 잘 훈련되고 무장된 게릴라들을 상대하기는 어렵다는 교훈과 푸마 등 몇 가지 장비의 효용성을 확인한 것 외에는 별다른 성과를 거두지 못하고 사실상의 '패배'를 감수해야만 했다. 이스라엘군 참모총장 단 할루츠_{Dan Halutz} 중장[06]이 사임하고, 전 대법원장 엘리야후 위노그라드_{Eliyahu Winograd}가 이끄는 공식조사위원회가 정치지도자들이 모호하고 달성 불가능한 목표를 추구했으며 이스라엘군도 전쟁 수행에 문제가 많았다고 가차 없이 비판했다. 2차 레바논 전쟁 또는 '7월 전쟁'이라고 불리는 이 전쟁은 '작은 욤 키푸르'가 된 셈이었다. 이 때문인지 이 전쟁을 다소 과장된 표현이지만 6차 중동전쟁이라고 부르는 학자들도 있을 정도다.

어쨌든 아랍인들에게 잘 조직되고 전의가 넘치는 전투 집단이라면 첨단무기나 강력한 화력이 없어도 이스라엘군과 싸울 수 있다는 교훈을 준 셈이었다. 여담이지만 현 이스라엘 총리 나프탈리 베네트_{Naftali Bennett}가 이때 특수부대 장교로 참전한 바 있는데, 이 때 정부와 군의 추태를 보고 정치에 참여하기로 결심했다고 한다.

2008년 12월과 2014년 7월 : 가자 전쟁

가자 전쟁은 2008년 12월 27일, 이스라엘 공군의 F16 전투기 40

---

06   순수 공군 출신으로는 첫 번째로 참모총장이 된 인물이기도 하다.

대의 폭격으로 시작되었다. 폭격목표는 하마스 간부의 주택과 사무실, 로켓 기지와 로켓 제조가 이루어진 것으로 의심되는 민가였다. 물론 그 과정에서 많은 아이들과 민간인들이 희생되었다. 폭격이 시작된 지 8일이 지났고 해가 바뀐 2009년 1월 3일, 전차와 공수부대, 기계화 보병과 전투공병으로 구성된 이스라엘 지상군이 투입되었다. 병력 규모는 제7기갑여단을 비롯한 5개 여단에서 차출된 6천 명 정도였다.

여단 입장에서는 1967년 6일 전쟁 이래 41년 만에 남부전선에서 싸우게 된 셈인데, 여단 전부는 아니고 제75전차대대를 중심으로 한 일부 부대만 투입되었다. 여단 소속 메르카바 Mk3 전차들은 가자지구의 북부 국경에서 침공해 들어갔고, 골라니 여단은 남부에서 진격하는 등 진격로는 모두 다섯 갈래였다. 차량에 충분한 양의 식량과 군수품을 적재하라는 명령이 내려졌는데, 이는 레바논의 전훈을 바탕으로 가자지구에서 장기간 작전을 벌이게 될 가능성에 대비한 것이었다.

어느 전차부대 지휘관이 '우리는 2006년 레바논 전쟁 때보다 전투준비를 더 철저하게 했다'라고 말했듯이 이스라엘군은 3년 전보다 훨씬 많은 준비를 하고 전투에 임했다. 이스라엘군은 하마스가 러시아제 대전차 미사일을 상당량 밀반입했을 것으로 보았고 가자지구 시내로 향하는 주요 도로에 매설해 놓았을 대형 폭발물을 우려했지만 큰 피해는 입지 않았다. 이스라엘 군은 로켓탄의 발사시설과 공장을 파괴하고 위험한 시설에 대한 수색을 하는 방식으로 시가전을 치렀다. 1월 20일이 버락 오바마_{Barack Obama} 미 대통령의 취임일 이었기에 미국의 입장을 고려하여 그 날에 지상군이 철수하면서 가자 전쟁은 '일단' 막을 내렸다. 이제 영웅적인 전차전의 시대는 완전히 가버리고 '더러운 전쟁'이 시작된 것이다.

이런 '더러운 전쟁'은 현재까지 이어지고 있다. 이런 식의 전쟁은 이스라엘 병사들의 정신건강에도 심각한 악영향을 미쳤다. 마치 베트남 전쟁 당시의 미군 병사들처럼 언제 적이 나타날지, 어디서 폭발물이 터질지 모르는 게릴라전에서는 '심리적 외상 후 스트레스 장애 즉 PTSD를 앓기 마련이고, 민간인에 대한 무자비한 공격과 자기 자신에 대한 공격 즉 자살충동으로 이어지기 때문이다. 하지만 이스라엘군은 자살률 등의 통계를 내놓고 있지 않다. 참고로 베트남 전쟁 참전 미군 병사 중 PTSD를 앓는 이는 30퍼센트에 달했다.

하지만 이스라엘군은 그들답게 적어도 군사적으로는 이 전쟁에서 헤즈볼라와의 전쟁의 과오를 되풀이하지는 않았다. 10명의 병사가 전사하고 민간인 3명이 희생되는 비교적 작은 인명 손실을 입는 데 그쳤다. 하마스 측은 전투원 390명과 민간인 894명이 희생되었고, 그 중에는 280명의 어린이도 있었다. 이스라엘 군이 압수하거나 파괴한 로켓은 1,200여 기였다. 이스라엘이 전쟁 직전 추정한 하마스의 로켓이 3,000기 정도였고, 600기가 전쟁 도중에 소모되었으므로 1,200기 정도는 그대로 남은 셈이었다. 이렇게 가자 전쟁은 군사적으로도 압승과는 거리가 멀었지만, 하마스의 정치적 기반을 전혀 무너뜨리지 못했기에 정치적으로는 사실상 실패한 작전이었다. 그리고 이후 가자지구는 '세계에서 가장 큰 감옥'이라는 악명을 얻게 된다.

군사장비면에서 이 전쟁은 유명한 미사일 방어시스템인 '아이언 돔'을 실전배치하는 계기가 되었는데, 이를 개발한 주역은 탈피오트였다.

2014년 7월 17일에는 하마스가 지하터널을 파 이스라엘의 키부츠를 공격한다는 이유로 이스라엘군의 가자 침공 작전이 시작되었다. 하마스가 로켓 세례를 퍼부었음은 물론이다. 이스라엘군이 세 개의 터널을 파괴하면서 시작된 이 전쟁은 한 달 정도 계속되었고, 가자의 팔레스티나인 1,830명이 희생되었고, 이스라엘은 군인 64명이 전사하고, 3명의 민간인이 죽는 대가를 치렀다. 물론 자잘한 충돌은 지금도 계속되고 있다.

장륜식 보병전투차 에이탄의 등장

지금까지 보아왔듯이 이스라엘군은 하프트랙 이후 장륜식 장갑차량은 노획장비와 정찰용 등 보조적 역할을 제외하면 도입하지 않고 중장갑 일변도의 개발 정책을 고수해 왔다. 하지만 전투 양상이 이전 같은 대규모 정규전에서 가자 지구 같은 저강도 분쟁으로 변화함에 따라 자력으로 쉽게 장거리 이동이 가능하고, 보병들과 항상 함께 움직일 수 있는 경량의 장갑차량의 필요성이 대두되었다. 미국이 스트라이커Stryker 장륜 장갑차를 개발함에 따라 이스라엘도 좀 늦었지만 새로운 장륜형 장갑차인 에이탄을 개발하여, 2016년 8월 1일 공개하였다. 당연히 이름은 에이탄 장군을 기리기 위해 붙인 것이다. 에이탄은 현재 아직도 운용 중인 수백 대의 젤다를 대체할 것이라고 한다.

에이탄은 8륜 차량으로 당연히 나메르보다 훨씬 가볍지만 18.5톤의 스트라이커보다는 상당히 무거운 것으로 추정되며, 트로피 시스템이 장착되어 있다. 제작비용은 나메르의 절반 정도로 추정

에이탄 장갑차

된다. 장륜형이니만큼 최고 속도가 시속 90㎞에 이르며 승무원 3명을 포함하여 12명을 태울 수 있다. 무장은 아직 확실하지 않으나 30㎜ 이상의 구경을 가진 기관포를 장착할 것으로 보인다. 제7기갑여단에도 당연히 배치되겠지만, 현재로서는 시기와 수량은 알 수 없다.

이스라엘 국방군의 영향력

지금까지 살펴보았듯이 이스라엘 국방군은 이스라엘이란 나라에서 절대적인 위상을 차지하고 있다. 이 나라에서 가장 큰 조직인데다가 국가 예산 3할을 쓰고 있다는 사실이 이를 증명하고도 남는다. '이스라엘 국가에는 국방군이 없고, 국방군 안에 이스라엘이라는 나라가 있다'란 농담이 돌 정도이다. 사실 인구의 1할이 그것도 가장 활동적인 나이의 남녀 젊은이들이 이 조직의 직접적인 지배를 받고 있으며, 경제와 정치, 교육 등 모든 분야에 강력한 영향을 미치고 있기 때문일 것이다.

우선 정치적 영향력에 대해 알아보도록 하자. 장성이 젊은 나이에 전역하기 때문에 '하나회' 같은 사조직을 만들 시간 여유를 주지 않는다. 대신 퇴역 장성들은 최고의 엘리트이기에 정치, 행정, 기업, 대학의 고위직에 진출했다. 다만 다얀이 1959년에 농업장관을 맡고, 6일 전쟁 직전 국방장관을 맡은 사실이 눈에 띌 뿐 1970년 중반까지는 총리는 물론이고 중요한 각료 자리도 차지하지 못했다. 그러나 1974년 라빈이 총리에 오르면서 분위기가 바뀌었고, 이후 에후드 바라크와 샤론이 총리에 오르는 등 군 출신들은 거의 모든 정치 분야에 진출하기에 이른다. 바라크의 경우 현직 참모총장임에도 라빈에 의해 후계자로 지명되었을 정도였다. 호피 장군은 그 유명한 모사드의 수장에 올랐고, 샤론은 총리에 오르기 전 국방장관 외에도 주택 장관과 농림 장관을 맡기도 했다.

책에 등장한 인물만 소개해도 바 레브가 이미 언급한대로 통상 장관 자리에 올랐으며, 요페와 오리 오르, 펠레드, 오르는 국회의원이 되었다. 관운이 없는 편인 탈도 국방차관까지는 올랐다. 카할라니도 국회의원에 당선되었으며, 네타냐후 내각에서 내무장관을 맡았다. 현재는 이스라엘 상이 군인회 회장을 맡고 있다. 라파엘 에이탄은 부총리까지 올랐으며, 샤피르는 경찰청장을 역임했다. 에이탄은 아파르트헤이트를 고수하는 남아공과의 동맹을 지지하였는데, 남아공의 소수 백인들처럼 우리도 아랍인이 주도권을 장악하지 못하도록 행동해야 한다고 주장하기까지 했다. 아단은 주미대사관 무관을 거쳐 경찰청의 고관을 지냈다. 라하트의 텔 아비브 시장 장기역임은 이미 소개했지만, 지방정부의 수장이 된 군 출신들은 헤아릴 수 없을 정도로 많다. 1992년부터 1993년까지 제7기갑여

에이탄 장군

단장을 역임한 이츠하크 하렐Yitzhak Harel은 철도공사 사장을 맡았다. 이스라엘군 출신의 정관계 진출은 특정 정당에 대한 쏠림이 없이 좌우파에 고루 분포하고 있다는 사실도 눈에 띈다. 진담 반 농담 반이지만 욤 키푸르 전쟁 당시 시나이 전선에서 병사들은 샤론의 사단을 '리쿠드 사단', 아단의 사단을 '노동당 사단'으로 불렀을 정도였다. 현재도 베네트 총리가 그러하듯이 중량감 있는 정치인들은 장성까지는 아니더라도 위관이나 영관 출신이 아닌 경우는 드물다.

이스라엘 국방군은 사회 통합에 있어서 여전히 전 세계에서 들어오고 있는 유대인 이민들을 '서구화된 이스라엘인'으로 만드는데, 중요한 역할을 하고 있다. 국방군은 1991년 5월, 내전 중인 에티오피아에 사는 '검은 유대인' 1만 4,325명을 36시간에 안에 이스라엘로 공수하는 놀라운 성과를 보였다. 이 검은 유대인들도 나이가 차면 당연히 입대하였고, 고산지대 출신답게 놀라운 스태미나를 보여주었다. 다만 이들이 팔레스티나 봉기 진압에서 '하얀 유대인'들보다 더 거친 행동을 보였다는 증언은 쓸쓸함을 남긴다.

경제 분야에 있어서도 국방군의 위상은 확고하다. 이스라엘의 국방비 지출은 GDP 대비 5.5~6%, 약 180억에서 200억 달러에 달해 세계 최고 수준이다. 하지만 매년 50억 달러 이상의 무기를 해외 각국에 수출하고 있을 뿐 아니라 국방기술이 직간접적으로 산업계에 전해져 발생하는 경제적 부가가치가 대략 GDP 5%로 추정될 정도로 커서 실질적인 군사비 부담은 크게 줄어든다. 다른 나라와는 달리 군과 대학, 기업 특히 스타트업이 유기적으로 결합되어 있어 많은 부가가치를 창출하고 있는 것이다. 늘 준전시 상황에서 살아가기에 경제 역시 이렇게 발전할 수밖에 없는 것 같다.

브엘셰바에 있는 벤 구리온 대학과 총리실 직속 국가 사이버 안보국, 그리고 사이버전의 핵심인 8200부대는 이런 네트워크의 중심에 서서 세계 최고 수준의 방위/보안산업을 지탱하고 있다. 이스라엘이 주최하는 '사이버 위크'라는 국제행사를 열어 세계 사이버 보안 전문가를 불러 모은다. 2019년의 경우에는 100여 개국, 8000여 명이 참석했다고 한다. 2016년 기준으로 전 세계 보안기술 업체 528곳 중 이스라엘 기업은 27곳에 불과하나 시장점유율은 20%에 달한다. 이스라엘제 보안장비나 소프트웨어를 산 나라는 최대 130개국에 이른다고 주장하는 언론도 있을 정도다. 예비역 장교들이 이런 업체에 많이 재직하고 있음은 물론이다.

앞서도 일부 다루었지만, 이 기술들은 독재정권의 권력유지에 많은 '공헌'을 하고 있으며, 이들 중에는 사우디아라비아와 아랍 에미리트 등 아랍의 왕정국가들도 있다.

마지막 이야기

제7기갑여단은 지금 이 순간에도 여전히 골란 고원을 지키고 있으며, 제75,77,82대대 외에 제603전투공병대대가 새로 편입되었고, 여단 직속으로 정찰중대와 대전차 중대가 있다고 한다. 현재는 메르카바 Mk4 100대 이상을 보유하고 있으며, 정확한 편성은 불명이지만 대체로 1개 소대가 중대를 이루고, 3개 소대와 본부소대 2대, 총 11대로 1개 중대가 구성된다고 한다. 3개 중대와 본부 중대 3대, 즉 36대로 한 대대가 구성되는 것이다. 2017년 말에는 최초로 여성 전차장이 탄생하였는데, 제7기갑여단에 배속되었는지는 확인하지 못했다.

하지만 그들이 상대해야 할 시리아는 2012년부터, 이란과 터키, 주위 아랍 국가들과 쿠르드_{Kurd}족은 물론 러시아와 미국까지 가세하였고, 이슬람 국가까지 등장한데다가 화학무기까지 사용할 정도로 끝이 보이지 않는 내전을 치르고 있기에 최신전차가 필요 없어 보인다. 이스라엘군은 시리아 반군에게 총기 등을 지원해 주기도 했다. 반면 그 치열한 전쟁터였던 골란 고원이 연간 300만이 넘는 관광객이 찾아오는 관광지가 되었다고 하니 아이러니가 아닐 수 없다. 전 세계적 베스트셀러인《사피엔스 Sapiens 》의 저자 유발 하라리_{Yuval Harari}의 표현대로 이스라엘 국방군이 마음만 먹는다면 일주일 내로 다마스쿠스를 점령하는 것도 충분히 가능하다. 물론 그런 대도시의 점령과 유지는 전쟁의 승리와는 완전히 다른 문제이다.

설사 여단이 남부 전선으로 이동 배치된다고 해도 이집트 역시 시리아보다는 낫지만 역시 내부문제로 여력이 없으니 비슷한 결론을 내릴 수밖에 없다. 다만 이집트군이 장비한 강력한 미국제

M1A1 전차 1,100여대는 상당한 위험이다. 이런 상황에서 반세기 전의 대규모 전차전은 물론 2006년 수준의 전쟁도 일어나기 어려운 상황이니 제7기갑여단 역시 과거의 화려한 전통을 다시 재현할 가능성은 거의 없다고 보아도 큰 잘못은 아니지 않을까?

제7기갑여단은 1948년 창설 이래, 이 글에서만도 다섯 차례의 중동전쟁과 소모전쟁, 헤즈볼라와의 전쟁과 가자 전쟁을 합쳐 여덟 차례에 걸친 전쟁을 치렀다. 어느 작가의 표현대로 중동전쟁은 인류 역사상 최장의 기갑전쟁이기 때문이다. 20세기가 아무리 잔혹했다지만 이처럼 많은 전쟁을 치른 야전 부대는 거의 없을 것이다. 아마 필자가 다룬 미국 제1해병사단 정도이지 않을까 싶은데, 두 부대를 같이 비교하는 것도 의미가 있을 것이다. 또한 인물 면에서도 샤미르, 헤르조크, 라즈코프, 엘라자르, 탈, 아단, 샤피르, 고넨, 만들러, 벤 갈, 마겐, 카할라니, 하난, 오르 등 쟁쟁한 인물들을 수없이 배출하여 이스라엘 국방군에게 큰 기여를 하였다.

글을 쓰다 보니 묘하게도 그들의 롤 모델이었던 독일 국방군의 기갑군단과의 공통점을 발견할 수 있었다. 창설 이후 폴란드전, 서방 전격전, 바르바로사_{Barbarossa} 작전에서 화려한 전공을 세운 독일 전차군단과 1,2,3차 중동전에서 화려한 전공을 세우고 4차 중동전에서 역사적인 방어전으로 정점에 오른 이스라엘 기갑부대는 묘하게 겹친다. 또한 1943년 이후 압도적인 소련군을 상대로 절망적인 방어전만 거듭하다가 사라진 독일 전차군단과 4차 중동전 이후 점점 '뽀대' 안 나는 봉기 진압이나 게릴라와의 전쟁에 투입되어 그저 그런 모습을 보이는 이스라엘 기갑부대는 규모와 시간 등이 엄청나게 다름에도 분명한 공통점이 있다.

군대와 전쟁의 변화보다는 21세기 들어서 중동권에서 벌어진 많은 분쟁의 결과로 이스라엘의 외교관계에도 동맹의 역전 현상이 발생하고 있다는 사실에 주목해야 할 것이다. 우선 미국을 위시한 서구세력이 더 이상 이스라엘에 전폭적 지지를 보이지 않고 있다. 냉전이 끝나며 주변 친소 아랍국가 들을 대항하는 대리인으로서의 의미가 사라졌고 홀로코스트로 인한 죄책감도 세대가 지나가며 희석된 반면 팔레스티나인들의 무장투쟁에 대한 호의적인 여론이 더 강해졌기 때문이다. 두 번째로는 셰일 가스의 등장으로 미국이 세계 최대의 에너지 생산국이 되면서 더 이상 이스라엘을 석유 지킴이로 둘 필요가 없어졌기 때문이다. 미국은 이스라엘을 통해서 진행해왔던 지배전략으로 엄청난 경비를 지출했다. 그 후유증 중 하나가 경제위기이다. 민주당 정부는 내심 되도록 중동문제에서 손을 떼고 싶어 한다. 실제 조 바이든_{Joseph Biden} 행정부가 이전 정권처럼 이스라엘에 전폭적인 지원을 할 것으로 보이지는 않는다. 실제로 이스라엘은 러시아의 우크라이나 침공 과정에서 동맹국들에게 요구한 경제제재에도 소극적이었다.

이스라엘도 더 이상 유럽과 미국의 정치적 압력에 순응할 이유가 없다. 이스라엘이 이렇게 할 수 있는 또 다른 배경은 수니파 국가들 특히 걸프 만 연안 산유국들이 이스라엘을 필요로 하는 상황으로 바뀌었기 때문이다. 이라크와 시리아의 내전을 틈타 아랍 국가가 아닌 두 대국 터키와 이란이 남하하였고, 이라크에서는 친이란 시아파 정권이 수립되었다. 거기에다 그들의 생명선인 페르시아 만의 항로가 위협받고 유전지대가 드론 공격을 받고 있다. 특히 사우디 등이 직접 참전하면서까지 지원하는 알 하디_{Al Hadi}의 정부군과 이란의 지원을 받는 지원하는 후티_{Houthi} 반군 사이에 벌어진 예멘 내전은 언제 끝날 줄 모르는 상황이다. 터키는 리비아까지 손을 뻗

치고 있다. 인구가 적고, 오로지 석유와 가스 수입에 의지하면서 그 돈을 뿌려 국민들의 정치적 자유를 억압하며 절대 왕정을 유지해온 걸프 지역 수니파 국가들은 이 적대국들의 확장정책에 생존의 위협을 느끼고 있는 상황이기에 이스라엘까지 신경 쓸 여력이 없어졌다.

이런 상황에서 이란이 성전이란 명분을 내걸고 이스라엘과의 극한 대결을 선택했다. 전에는 누구 못지않게 이스라엘을 증오하던 주변 수니파 국가들이 순망치한, 이이제이의 시각으로 이스라엘을 바라보게 된 것이다. 그리하여 이스라엘이 가진 막강한 군사력과 정보력은 이란을 상대할 강력한 도구가 된다고 판단하기에 이르렀고, 이스라엘과 수니파 왕정국가 간의 관계가 급속도로 좋아졌다. 아랍 에미리트Arab Emirates와 바레인Bahrain 과는 최근 국교를 맺었다. 베네트 총리는 2022년 2월 바레인을 방문했고, 군사훈련도 같이 할 정도로 관계가 엄청나게 달라졌다. 모로코와 수단과도 수교했다. 수니파의 맹주인 사우디아라비아도 영공을 수차례 개방하는 등 과거와는 완전히 다른 모습을 보이고 있다. 하지만 일반 국민들의 이스라엘에 대한 혐오감은 거의 나아지지 않은 상황이어서 우려는 여전하다. 하지만 최근 갑자기 중국의 중재로 이란과 사우디가 화해를 하면서 이스라엘의 입장은 다시 미묘해졌다.

여기서 이스라엘 내부로 눈을 돌려보면, 국내의 아랍계 인구와 극단주의 종파인 하레디 인구의 증가로 세속주의 유대인 국가라는 기존의 정체성을 상실할 것이라는 우려가 심각하다. 반면 주류인 세속 유대인들의 출산율은 낮고, 이혼율은 높다. 또한 국제적인 반이스라엘 감정, 과거와는 다른 국민들의 '안보 의식 부재'등으로 조금씩 이완되고 있다. 인구증가로 인한 수자원 고갈도 심각한 문제다. 그렇다고 인구증가를 억제할 수도 없다. 이스라엘은 이미 3천 년 전에 종교와 세속권력 사이에 딜레마—세속권력이 약하면 외부의 침략을 받고, 반대로 너무 강해지면 종교의 본질이 침해된다—를 겪은 바 있다.

최근에는 이런저런 핑계로 병역을 기피하는 청년들이 많고, 여성 입대자에 대한 성폭력도 심각하다. 입대하더라도 가자 지구나 요르단강 서안 같은 '점령지'에서의 복무를 거절하는 이들도 적지 않다. 실제로 2003년 9월에는 최고의 엘리트인 전투기 조종사 27명이 가자 지구 공습을 거부했고, 12월에는 특공대원 출신 예비역 13명이 점령지 복무를 거절하였다. 매년 수백 명이 양심적 병역거부로 감옥행을 자청하고 있는 실정이다. 2022년 12월 베네트 총리가 이끄는 무지개 연정이 붕괴되고 다시 실시한 총선에서 네타냐후가 우파 연정을 승리로 이끌어 다시 총리 자리에 올랐다. 하지만 이 승리는 어부지리에 가까운 것이었고, 현재는 사법부를 장악하려는 의도의 '사법제도 개혁안'을 올렸다가 전 국민적인 저항 거기에다 미국의 반대까지 부딪혀 사실상 좌초한 상황이다. 더구나 사우디 아라비아와 이란의 화해는 이란을 주적으로 하는 현 정부의 존립 기반까지 흔들고 있다. 과거 샐 물 틈 없는 국민적 단결을 보여주었던 이스라엘은 이미 옛날 이야기가 된 것이다.

무엇보다 70년 넘는 세월이 지났음에도 또한 그렇게 많은 군사적 승리를 거두었음에도, 팔레스티나인들을 완전히 굴복시키지 못한 것은 누가 보아도 분명하다. 이는 이스라엘이 언젠가는 붕괴할지도 모르는 가장 위험한 요소가 될 수밖에 없을 것이다.

한 이스라엘 노병은 이렇게 말했다.

*"내가 총을 잡으면서, 아들은 그렇지 않기를 바랐습니
다. 하지만 이제 손자도 총을 잡고 있습니다."*

반대로 가자 난민촌의 한 팔레스티나 노파는 고향 집 열쇠를 아
직도 소중하게 보관하고 있다.

*"언젠가는 돌아갈 겁니다. 아들이 못 간다면, 손자가, 손
자가 못 간다면 증손자가 이 열쇠를 들고 우리 집을 찾
아갈 거예요."*

만에 하나겠지만 이스라엘이 이런 불안 요소 때문에 붕괴된다
면 제7기갑여단 역시 예외가 될 수 없을 것이다. 이런 가정이 현실
화된다 해도 세계의 운명까지 좌우할 뻔한 결정적인 전투를 치른
이 여단이 남긴 화려한 전적은 세계 전쟁사에는 영원한 황금문자
로 새겨져 남아 있을 것이다.

마지막으로 아쉬운 부분에 대해 언급하고자 한다. 우선 제7기갑
여단을 중심으로 거의 기갑부대만 다루었기에 공수부대나 보병 등
타 병과의 활약은 거의 언급할 수 없었다. 그러다 보니 단 라너 장
군은 말 그대로 살짝만 다루었고, 모르데차이 구르_{Mordechai Gur}나 이갈
야딘_{Yigael Yadin} 같은 이스라엘 국방군에서 중요한 인물들을 언급조차
안 하고 지나갈 수밖에 없었다는 점이 아쉽다. 골라니 여단장 출신
인 구르는 유명한 엔테베_{Entebbe} 작전 당시 참모총장이었고, 여러 부
처의 장관을 지냈다. 또한 위관급으로 제7기갑여단을 거쳐 간 이스
라엘군 장성에 대한 정보도 얻지 못해, 그 부분에 대한 서술도 빈약
할 수밖에 없었는데, 이 부분에 대해서도 독자들께서 용서해 주시

기를 바랄 뿐이다.

이 책의 반응이 괜찮다면, 골라니 여단을 중심으로 한 이스라엘 지상군의 또 다른 역사도 써 볼 수 있는 기회도 있기를 바라 본다.

부족한 원고를 책으로 내주신 길찾기 출판사의 원종우 대표님과 정성학 팀장에게 감사드리며 다음 작품인 〈2차 대전의 마이너 리그, 두 번째 이야기 - 동유럽편〉으로 다시 만나뵐 것을 약속드린다.

연표

1897.8.29.	바젤에서 제1차 시오니스트 회의 개최
1909.	첫 키부츠인 데가니아 탄생
1920.6.12.	하가나 창설
1938.7.13.	오드 윈게이트의 지도로 특수 자경단 창설
1941.	팔마흐 창설
1941.6.	유대인 공병대대 비르 하케임 전투 참전
1948.5.12.	첫 전차를 입수
1948.5.14.	이스라엘 건국 선언, 1차 중동전쟁 발발
1948.5.20.	제7여단 창설
1948.5.23.	라트룬 전투
1948.6.11.	1차 휴전, HS35와 HS30 전차 하이파 항에 양륙
1948.7.	벤 둔켈만 여단장 취임
1948.7.18.	데켈 작전 참가
1948.10.28.	히람 작전 참가
1952.	대규모 기동훈련
	벤 아리 부여단장으로 맹활약
1953.	기갑총감부 창설
	제7기갑여단 일시적으로 해체
1955.10.	여단 부활
	벤 아리 여단장에 취임
1956.	라즈코프 기갑총감에 취임
1956.7.	프랑스 전차들이 대거 하이파에 양륙됨
1956.10.29.	수에즈 전쟁 개전, 여단 참전
1956.10.30.	다이카 협로 돌파
1956.10.31.	비르 하사나와 제벨 리브니 교차로 점령
1956.11.5.	수에즈 운하 도달
1957.3.	수에즈 전역에서 철수
1957.	라즈코프 참모총장 취임
	사관후보생 학교(라즈코프 학교)개교
1958.12.	다비드 엘라자르 여단장 취임

1959.4.	이스라엘 탈 여단장 취임
1961.7.	아브라함 아단 여단장 취임
1963.	센츄리온 전차 도입
1964.11.2.	트랙터 포격전
1964.11.	카할라니 등의 장교단 서독 파견과 교육 패튼 전차 수령
1965.8.	물의 포격전
1966.6.	사무엘 고넨 여단장 취임
1966.10.	치프텐 시제차 2대 극비리에 이스라엘 도착
1967.6.5.	6일 전쟁 개전, 여단 참전 당일 칸 유니스와 라파 점령
1967.6.6.	비르 라판 점령
1967.6.8.	수에즈 운하 도달
1969.3.	아단 기갑총감 취임
1969.11.	영국이 이스라엘과의 치프텐 공동 개발 취소
1971.	다비드 엘라자르 참모총장 취임
1972.9.	아비가도르 벤 갈 여단장 취임
1973.9.1.	여단 창설 25주년 기념식 개최
1973.9.26.	제77전차대대 골란 고원에 도착
1973.10.6.	욤 키푸르 전쟁 시작
1973.10.8.	시리아 군 제7사단장 아브라쉬 장군 여단 전차의 포탄에 맞아 전사
1973.10.9.	제71전차대대장 메나헴 라테스 중령 전사 벤 하난의 구원부대 도착
1973.10.11.	시리아 본토로 진격
1973.10.13.	만들러 사단장 전사 마겐이 후임을 맡음
1973.10.24.	휴전
1974.2.	오리 오르 여단장 취임
1974.8.	아단 미국 대사관 무관으로 부임
1975.12.	아비가도르 카할라니 여단장 취임
1977.5.13.	메르카바 전차 개발 완료
1977.10.	요시 벤 하난 여단장 취임

1977.11.19.	사다트 이스라엘 방문
1977.12.25.	베긴 이집트 답방
1978.	메르카바 전차 양산 시작
1978.9.17.	캠프 데이비드 협정
1979.1.	이란에서 이슬람 혁명 성공
	팔레비 국왕 망명, 이스라엘과 단교
1979.4.	메르카바 전차를 첫 번째로 장비
1981.3.	에이탄 카울리 여단장 취임
1982.6.6.	레바논 침공전 참가
1982.6.11.	시리아군의 T72를 격파
1982.9.16.	샤브라와 샤틸라의 대학살
1982.9.	메이어 자미르 여단장 취임
1982.	메르카바 Mk2 등장
1984.	첫 중장갑차 나그마쇼트 등장
1985.7.	아브라함 팔란트 여단장 취임
1986.	요시 벤 하난 기갑총감에 취임
1987.5.	에프라임 라오르 여단장 취임
1987.12.	1차 인티 파타가 시작됨
1989.5.10.	메르카바 Mk3 독립기념일에 첫 선을 보임
1991.1.8.	이라크의 미사일 이스라엘 공격
1991.	푸마 등장
1994.5.	팔레스티나 자치 협정
1995.10.	이스라엘 － 요르단 평화 협정
1995.11.4.	이츠하크 라빈 암살됨
2000.9.28.	아리엘 샤론 알 아크사 사원 방문
	2차 인티 파타 시작
2006.7.	헤즈볼라와의 7월 전쟁
2008.3.	나메르 중보병전투차 일선 부대 배치 시작
2009.1.	가자 전쟁 발발
2009.8.	트로피 능동방어시스템 제식화
2014.7.	2차 가자 전쟁 발발
2018.8.1.	에이탄 장륜장갑차 공개

이스라엘 국방군 주요 장군 일람표

이름	생몰년	출생지	출신 군	군 경력	정부 경력
이츠하크 사데	1890-1952	폴란드	러시아제국군 하가나 팔마흐		
야곱 도리	1899-1973	우크라이나	영국군 하가나	참모총장	국가과학위원회 위원장
아브라함 요페	1913-1983	팔레스티나	영국군 하가나		국회의원
모셰 다얀	1915-1981	데가니아 키부츠	팔마흐	참모총장	국방,농림, 외무장관
하임 라즈코프	1919-1981	러시아	영국군	참모총장	
우리 벤 아리	1925-2009	독일	팔마흐	기갑총감	
아리엘 샤론	1922-2014	팔레스티나	하가나	남부군 사령관	총리
다비드 엘라자르	1925-1974	보스니아 키부츠	영국군	참모총장	
예샤야후 가비쉬	1925-2021	팔레스티나 키부츠	팔마흐		
이츠하크 라빈	1922-1995	팔레스티나	하가나	참모총장	총리
슬로모 라하트	1923-2014	독일	하가나	남부군 사령관	텔 아비브 시장
이스라엘 탈	1924-2010	팔레스티나	영국군 하가나	참모차장	
하임 바 레브	1924-1994	오스트리아 키부츠	팔마흐	참모총장	통상장관
슈무엘 고넨	1930-1991	폴란드	하가나	남부군 사령관	
아브라함 아단	1926-2012	팔레스티나	팔마흐	기갑총감	
라파엘 에이탄	1929-2004	모샤브		참모총장	부총리
아비가도르 벤 갈	1936-2016	폴란드		북부군 사령관	
오리 오르	1939-	팔레스티나		북부군 사령관	국방부 차관
아비가도르 카할라니	1943-	팔레스티나		사단장	내무장관
요시 벤 하난	1945-	팔레스티나		기갑총감	국방부 과장

참고문헌

▍ 국내서

강소국 이스라엘과 땅의 전쟁, 이일호 저, 삼성경제연구소

강탈국가 이스라엘 - 팔레스타나 강탈의 역사, 존 로즈 저, 이정구 역, 책갈피

강한 이스라엘 군대의 비밀, 노석조, 메디치

걸프전쟁 全史, 오정석, 연경문화사

경제기적의 비밀, 이영선, 경향 BP

골란 고원의 영웅들, A. 카할라니, C. 헤르조그 저, 임채상 역, 세창출판사

98 전차연감, ㈜ 군사정보

눈물의 땅, 팔레스타나, 김재명 저, 프로네시스

디펜스 타임스 2012년 3-5월호, 디펜스타임스코리아

메르카바와 이스라엘군 기갑차량, 모델팬

미 해병대 이야기, 한종수, 김상순, 미지북스

바시르와 왈츠를, 아리 폴먼, 데이비드 폴론스키 저, 김한청 역, 다른

세계의 전쟁 유적지를 찾아서 3, 신종태, 청미디어

수에즈 전역, 아브라함 아단, 김덕현 외 역, 한원

숙명의 트라이앵글, 노엄 촘스키 저, 유달승 역, 이후

아틀라스 전차전, 스티븐 하트, 마틴.J.도허티, 마이클.E.해스큐 저, 김홍래 역, 플래닛미디어

알기 쉬운 전차 이야기, 홍희범, 호비스트

약속의 땅 이스라엘, 아리 사비트 저, 최로미 역, 글항아리

유대인의 역사, 폴 존슨, 김한성 역, 살림

6일 전쟁, 제레미 보엔 저, 김해성 역, 플래닛미디어

6일 전쟁 50년의 점령, 아론 브레크먼 저, 정회성 역, 니케북스

아! 팔레스티나 1, 2, 원혜진, 여우고개

여기가 이스라엘이다, 권주혁 저, Pureway Pictures

예루살렘 광기, 제임스 캐럴, 박경선 역, 동녘

욤 키푸르 전쟁, 아브라함 라비노비치 저, 이승훈 역, 플래닛미디어

욤 키푸르 1973 (1-2), 사이먼 던스턴 저, 박근형 역, 플래닛미디어

위기의 중동 어디로 나아가는가, 류광철 저, 말글빛냄

유대인의 역사, 폴 존슨 저, 김한성 역, 살림

이스라엘 로비, 존 J. 미어샤이머, 스티븐 M. 월트, 형설 Life

이스라엘에는 누가 사는가, 다나미 나오에, 송태욱 역, 현암사

이스라엘 정치사, 이강근, 예영커뮤니케이션

이스라엘-팔레스티나 분쟁의 이미지와 현실, 노먼 핀켈슈타인 저, 김병화 역, 돌베개

21세기 지정학과 미국의 패권전략, 조지 프리드먼 저, K전략연구소 역, 김앤김북스

인티파다, 필 마셜 저, 이정구 역, 책갈피

중동일기, 리차드 마이너츠하겐 저, 박하람 역, 하나님의사람들

중동전쟁, 김희상 저, 전광

중동테러리즘, 홍준범 저, 청아출판사

전사의 길, A. 카할라니, 임채상 역, 세창출판사

전쟁에서의 지휘, 마틴 반 크레펠드, 김구섭, 김용섭, 권영근 역, 연경문화사

전쟁의 탄생, 존.G.스토신저 저, 임윤갑 역, 프래닛미디어

정보실패와 은닉, 존 휴즈-윌슨, 박상수 역, 대한출판사

제병협동부대 전술, 조나단 M. 하우즈, 도응조, 연경문화사

중동의 평화에 중동은 없다, 노암 촘스키, 송은경 역, 북풀리오

창업국가, 댄 세노르, 사울 싱어 저, 윤종록 역, 다할미디어

팔레스티나 비극사, 일란 파페 저, 유강은 역, 열린책들

팔레스티나, 이스라엘, 마르완 비샤라 저, 유달승 역, 한울

팔레스티나 100년 전쟁, 라시드 할리디 저, 유강은 역, 열린책들

팔레스티나 현대사, 일란 파페 저, 유강은 역, 후마니타스

▮ 일본서

軍事研究 2006년 11월호, ジャパン ミリタリー レビュー

圖解 中東戰爭, C. 헤르조그 저, 瀧川義人 역, 原書房

レバノン侵攻の長い夏, Jacobo Timerman 저, 川村哲夫 역, 朝日新聞社

サダト 最後の回想録, アンワル エル サダト / 讀賣新聞外報部 編

スエズを渡れ, Uri Dan 저, 早陽哲夫 역, サイマル出版會

アラブの戦い, 모하메드 헤이칼 저, 時事通信外信部 역, 時事通信社

イスラエル 建國物語, Meyer Levin 저, 岳眞也, 武子圭子 역, ミルトス

イスラエル 軍事史, モルデハイ バルオン and 滝川 義人, 並木書房

イスラエル 地上軍, David Eshel 저, 林憲三 역, 原書房

イスラエル 陸軍, PANZER 臨時増刊

イスラエルの鷹, 모셰 다얀 저, 込山敬一郎 역, 요미우리 신문

イスラエル人とは何か, Donna Roseanthal, 德間書店

イスラエルの國と人, 笈川博一, 時事通信社

イスラエル 全史, Martin Gilbert 저, 天本建一郎 역, 朝日新聞 出版

イスラエル軍現用戦車と兵員輸送車, Marsh Gilbert 저, 山野治夫 역, 大日本繪畵

第3次 中東戦爭 全史, Michael B.Oren, 瀧川義人 역, 原書房

第4次 中東戦爭 シナイ正面の戦い, 高井三郎 저, 原書房

中東軍事紛爭史, 鳥井順 저, 第三書館

中東戰記, 松村剛, 文藝春秋

中東戰爭, 山崎雅弘 저, 學研

中東戰爭 70年, アルゴノ一ト社

中東戰爭 아카이브, 學研

鐵の壁, Avi Shlaim, 神尾賢二 역, 綠風出版

PANZER 2007년 4월호, 2013년 9월호, 10월 호, 2014년 6월 호

パルレスチナ紛爭史, 横田勇人 저, 集英社新書

중국서

王牌軍 世界各國精銳部隊征戰錄, 王昉, 玉文 저, 知識出版社

中東裝甲戰 1948-2006, 鄧濤 저, 中國長安出版社